同步磁阻电机和
永磁辅助同步磁阻电机的新技术

The Rediscovery of Synchronous Reluctance and Ferrite Permanent Magnet Motors

Tutorial Course Notes

〔意〕吉安马里奥·佩莱格里诺(Gianmario Pellegrino)
〔美〕托马斯·M·詹斯(Thomas M. Jahns)
〔意〕尼古拉·比安奇(Nicola Bianchi)　　编著
〔澳〕文良·宋(Wen L. Soong)
〔意〕弗朗西斯科·库比蒂诺(Francesco Cupertino)

孙鹤旭　董砚　荆锴　梁晶　译

科学出版社

北京

图字：01-2020-0933 号

内 容 简 介

本书共 5 章，主要内容包括永磁同步电机/同步磁阻电机的机遇与挑战、同步磁阻电机和永磁辅助同步磁阻电机、永磁同步电机/同步磁阻电机建模与设计、永磁同步电机/同步磁阻电机参数辨识、同步磁阻电机的自动化设计。书中含有丰富的案例分析和对比材料，可以让读者从全面、辩证的视角，对同步磁阻电机和永磁辅助同步磁阻电机的共性问题和差异性技术进行深入研究和思考。

本书可供从事电机设计、控制与应用，特别是同步磁阻电机领域的研究人员和工程设计人员参考，也可作为高等院校电气工程、控制科学与工程等相关专业的研究生、教师用书。

图书在版编目(CIP)数据

同步磁阻电机和永磁辅助同步磁阻电机的新技术/(意)吉安马里奥·佩莱格里诺等编著；孙鹤旭等译. —北京：科学出版社，2023.11

书名原文：The Rediscovery of Synchronous Reluctance and Ferrite Permanent Magnet Motors: Tutorial Course Notes

ISBN 978-7-03-076902-2

Ⅰ. ①同… Ⅱ. ①吉… ②孙… Ⅲ. ①同步电机-磁阻电机-研究 ②永磁同步电机-磁阻电机-研究 Ⅳ. ①TM341 ②TM46

中国国家版本馆CIP数据核字(2023)第213287号

责任编辑：裴 育 朱英彪 李 娜 / 责任校对：任苗苗
责任印制：赵 博 / 封面设计：蓝 正

科学出版社 出版
北京东黄城根北街 16 号
邮政编码: 100717
http://www.sciencep.com
北京科印技术咨询服务有限公司数码印刷分部印刷
科学出版社发行 各地新华书店经销
*
2023 年 11 月第 一 版 开本：720 × 1000 1/16
2024 年 9 月第三次印刷 印张：9 1/2
字数：192 000

定价：98.00 元

(如有印装质量问题，我社负责调换)

译 者 前 言

稀土材料的稀缺使得永磁同步电机价格昂贵，同步磁阻电机和铁氧体永磁辅助同步磁阻电机因此受到业界的广泛关注。

本书以领域内的学术论文和技术成果为基础，对比了稀土永磁同步电机、铁氧体永磁辅助同步磁阻电机和同步磁阻电机的异同，由浅入深，从电机内部的磁场特征角度，系统阐述这三类电机的建模、设计和控制方法。本书的出版将填补国内同步磁阻电机专著的匮乏，为同步磁阻电机领域的研究人员提供很好的参考资料，对同步磁阻电机的推广应用起到积极的促进作用。

本书第 1、2 章由董砚教授翻译；第 3、5 章由梁晶博士翻译；第 4 章由荆锴副教授翻译。孙鹤旭教授对全书译稿进行了反复阅读，并进行了大量修改完善。

衷心感谢杨富荃、刘维佳、黄文美、李洁等，他们在局部章节的审核过程中给予了具体的修改意见和建议；衷心感谢天津市电机工程学会的各位专家学者在翻译工作中提供的帮助和支持。

由于译者水平所限，书中可能存在不妥之处，非常欢迎大家提出宝贵的修改意见或建议。

目　　录

第1章　永磁同步电机/同步磁阻电机的机遇与挑战

托马斯·M·詹斯

2010～2014年，稀土材料金属钕和镝的价格发生了大幅波动，直接影响了高性能稀土(烧结钕铁硼(NdFeB))永磁同步电机的发展。因此，寻找其他结构形式的电机来取代稀土永磁同步电机成为科研人员研究的热点。本章对全书的主要内容进行简要介绍。首先，介绍几种替代稀土永磁同步电机的技术方案，如含少量钕铁硼的永磁同步电机、铁氧体永磁辅助同步磁阻电机以及没有使用任何永磁材料的同步磁阻电机。其次，简述这几种电机的发展历程，概述各自的技术创新之处和代表成果，着重指出各界学者前期已经开展的大量而丰富的基础研究，将对后续工作产生深远的影响。最后，通过比较分析，总结上述同步电机各自的优势和局限性，为后续章节的详细论述奠定必要的理论基础。

1.1　引　　言

2010～2011年,世界范围内的稀土材料金属钕(Nd)价格飙升20倍以上，钕价格的暴涨使相关制造企业承受了巨大的市场压力。一些大型企业因此受到重创，有些资金不足的小型企业被迫停产。为了避免稀土材料价格急剧变化带来的市场冲击，自2010年起，研究人员提出用其他类型的电机代替稀土永磁同步电机，这也成为电机领域的新热点。对替代电机的要求是，既要有优异的性能，还要不受钕铁硼材料价格的影响。现阶段，替代电机的解决方案有两个主要方向：一是，与稀土永磁同步电机结构相似的其他同步电机；二是，与开关磁阻电机、感应电机等完全不同类型的高性能无刷电机。本书重点介绍第一种解决方案的研究进展,并选择几种具有代表性的电机类型(如含永磁体、不含永磁体)进行详细介绍。

本章介绍在调速系统中广泛应用的各种由永磁体励磁转矩、磁阻转矩或二者相结合产生驱动力的同步电机。首先，指出使用稀土永磁材料可能存在的问题。然后，简述无励磁绕组同步电机的发展历程，并给出替代烧结钕铁硼永磁同步电机的解决方案。最后，比较前面提到的同步电机的优点和局限性，根据评价分析，给出合理选择替代电机的依据，以期改变稀土(高磁能积)永磁同步电机在高性能应用中的主导地位。

后续章节将陆续对各种替代电机进行研究，包括电机模型的建立与分析、电机的设计与控制。

1.2 稀土永磁材料

从 20 世纪 80 年代开始，钕铁硼稀土永磁体的商业化进程对高性能永磁同步电机的成功研制产生了深远影响，近年来，稀土永磁同步电机广泛应用于乘用电动汽车、电梯、风力发电机等重要场合。由如图 1.1 所示的永磁同步电机常用永磁材料第二象限磁感应强度-磁场强度(*B*-*H*)磁化曲线可知，烧结钕铁硼永磁体的剩磁 B_r 和矫顽力 H_c 远高于其他稀土永磁材料——包括 20 世纪 70 年代占统治地位的钐钴(Sm_2Co_{17})永磁体。钕铁硼永磁体的出现标志着永磁技术取得跨越式发展。

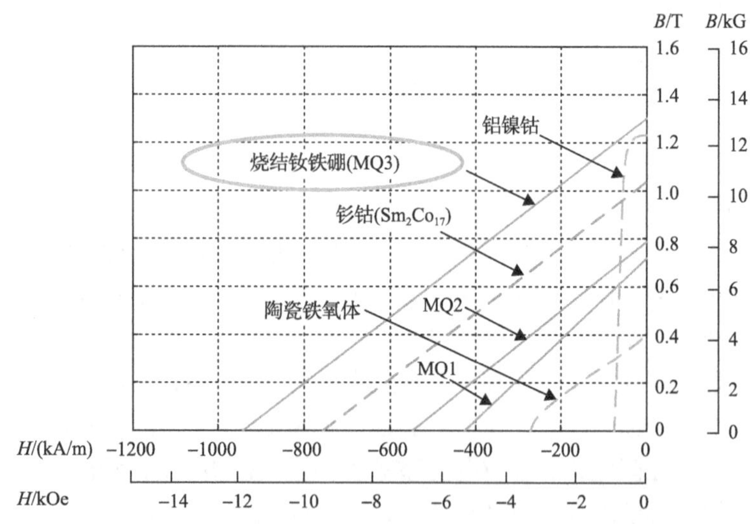

图 1.1 永磁同步电机常用永磁材料第二象限 *B*-*H* 磁化曲线

(1) 数据来源于 MQ 公司(MQ1、MQ2、MQ3 为该公司的三代钕铁硼永磁体)；

(2) 1Oe≈79.6A/m；(3) 1G=0.0001T

尽管钕铁硼永磁体具有许多优异性能，但是钕铁硼永磁体与其他永磁材料(如钐钴永磁体)相比，居里温度较低，而居里温度低会导致绕组绝缘系统的极限温升受限，从而对温升要求严格的电机产生负面的影响。随即，材料学领域的学者研究发现，在钕铁硼中添加少量稀土元素镝(Dy)，可有效提高永磁体工作温度的范围，而且添加镝的量不同，会改变永磁体内禀矫顽力 H_{cj} 和剩磁 B_r。图 1.2 给出了镝含量变化对应永磁体的不同温度等级，从中可以看出，增加镝含量可有效提高永磁体的工作温度。

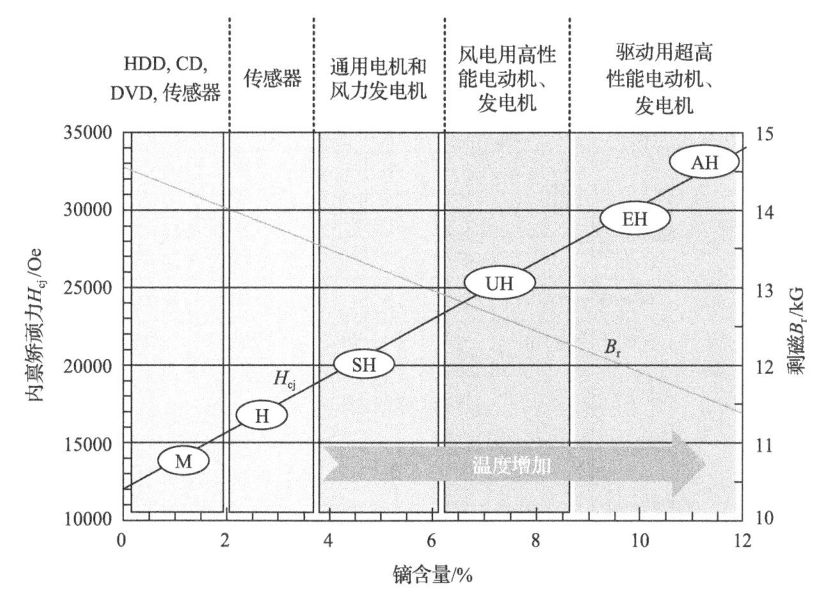

图 1.2　镝含量的增加对钕铁硼永磁体内禀矫顽力和剩磁的影响

HDD(hard disk drive，机械硬盘)；CD(compact disk，光盘)；DVD(digital versatile disc，数字通用光盘)；M、H、SH、UH、EH、AH 为钕铁硼磁铁牌号

由图 1.2 中可知，当镝含量从 0%增加到 10%以上时，钕铁硼永磁体最高的有效工作温度呈单调递增趋势。虽然增加镝含量在一定程度上提高了工作温度，但镝比钕更加稀有、昂贵，因此永磁体成本会随镝含量的增加而大幅上升。实际上，每千克镝的价格通常比钕贵 7～8 倍，这就意味着即使钕铁硼永磁体中镝的占比很小，也会大幅增加永磁材料的最终制造成本。

问世之初，钕铁硼永磁体非常昂贵，直到 20 世纪 90 年代末至 21 世纪初期，中国对钕铁硼永磁体价格的下调起了至关重要的作用。这主要源于中国稀土材料储量远大于其他国家，中国的永磁体生产商已成为全球主要的钕铁硼永磁体制造商，中国企业的介入稳定了钕铁硼永磁体市场的价格。图 1.3 为在市场等众多因素的综合影响下，2009～2014 年钕和镝的价格波动情况。从图中可以看出，2009 年初至 2011 年中期，钕和镝的价格分别上涨了 25 倍和 22 倍左右，在价格达到顶点后，又开始大幅下降，基本回落到上涨前的水平。

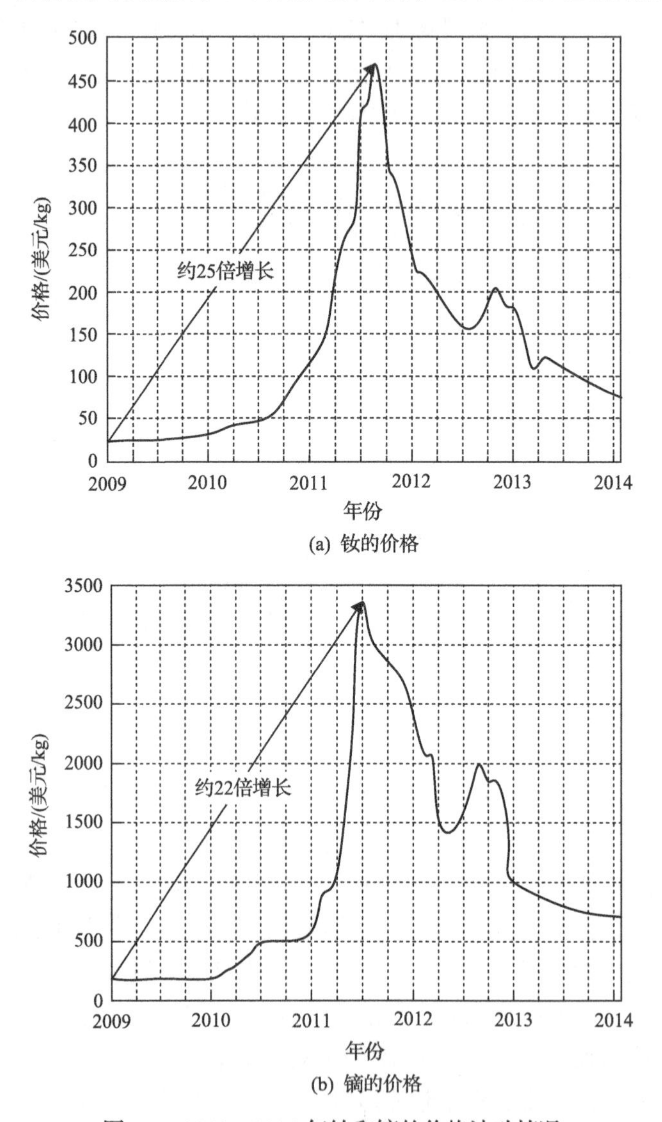

(a) 钕的价格

(b) 镝的价格

图 1.3　2009～2014 年钕和镝的价格波动情况

正如前面所述，随着永磁同步电机对永磁材料需求量的增加，相关的电机制造商对钕、镝材料的依赖度越来越高，价格的剧烈飙升对永磁同步电机制造商造成了巨大的经济压力和经营风险。

1.3　同步电机及其驱动控制技术

1.3.1　永磁同步电机

在转子上加装永磁体设计电动机和发电机的想法最早出现在 20 世纪初。然而，直到高剩磁和高矫顽力的永磁材料出现，才真正实现永磁同步电机的商业化生产。

在电机永磁材料中，最早被发现并广泛关注的永磁材料是钴钢，它具有较高的剩磁，磁能积约为 1MG·Oe，在 20 世纪 20 年代首次实现了商业化生产。但是，和其他早期的永磁材料一样，矫顽力低使得电机在实际设计中存在诸多困难。1925 年 Watson 给出了两台永磁同步电机的设计原型机[1]，如图 1.4 所示。

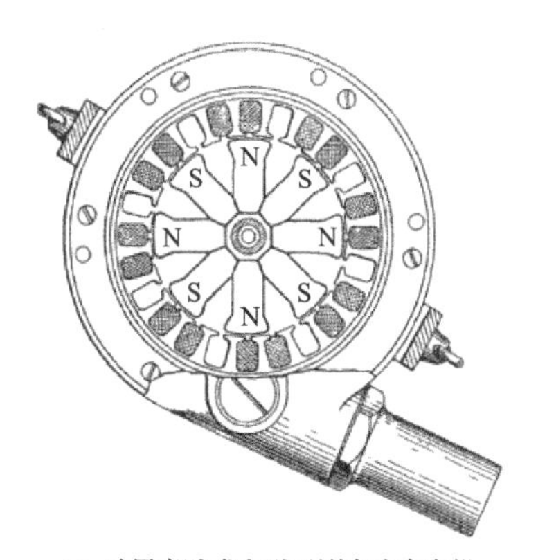

(a) 矿用表贴式永磁无刷交流发电机

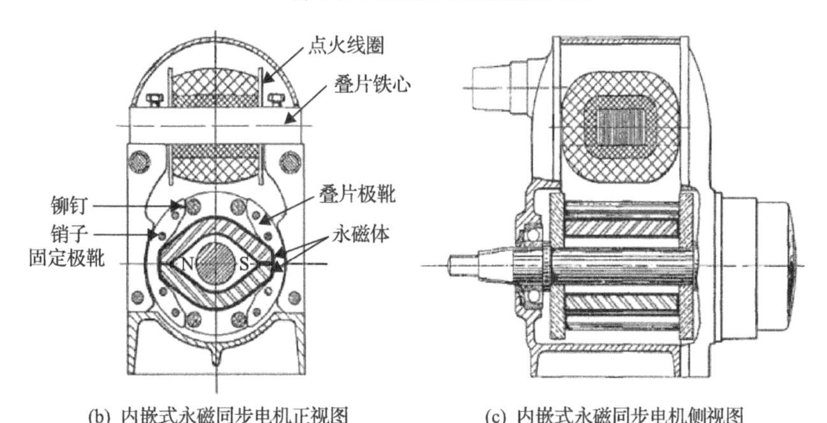

(b) 内嵌式永磁同步电机正视图　　(c) 内嵌式永磁同步电机侧视图

图 1.4　永磁同步电机结构及钴钢永磁同步电机设计原型机

图 1.4(a)是矿用表贴式永磁无刷交流发电机，图 1.4(b)和(c)是用于飞机“magneto”点火交流发电机的内嵌式永磁(interior permanent magnet，IPM)同步电机。

在随后的几十年间，铝镍钴(AlNiCo)技术逐步发展，永磁材料的性能得到不断改善。1931～1960年，经过三十年的发展，永磁材料磁能积达到10MG·Oe。

虽然受铝镍钴材料矫顽力较低的制约，电机设计工程师仍然克服困难设计出高性能永磁同步电机。图 1.5 是另一个内嵌式永磁同步电机的设计实例[2]，该电机为 28 极 75kV·A 永磁同步交流发电机，设计转速为 1714r/min，频率为 400Hz。该电机在转子铁心的极靴内嵌入永磁体，以抵消负载增大时定子电流产生的去磁磁势对电机的影响。

(a) 内嵌式永磁同步电机转子

(b) 内部埋置的铝镍钴永磁体

图 1.5　内嵌式永磁同步电机(75kV·A、1714r/min、400Hz)

直接起动永磁同步电机的早期发展和商业化进程，归功于高性能铝镍钴磁性材料的使用，这类电机在转子中加装了起动绕组，使其同时具有感应电机和同步电机的特点。直接起动永磁同步电机的转子组件，如图 1.6 所示。

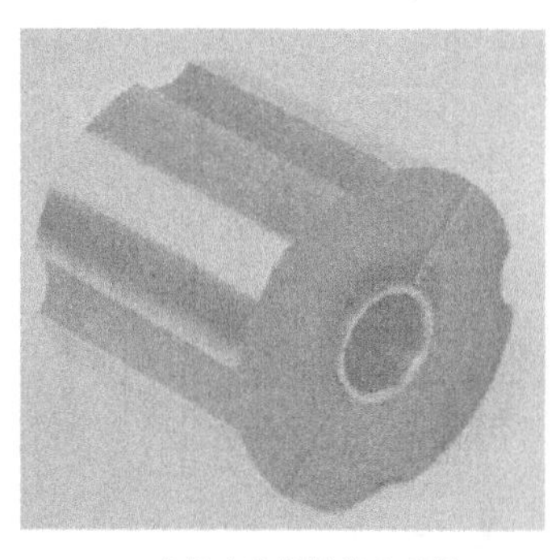

(a) 电机中的铝镍钴永磁体

(b) 带起动绕组的完整电机转子结构

图 1.6　直接起动永磁同步电机的转子组件

图 1.6(a)为电机中的铝镍钴永磁体，图 1.6(b)为带起动绕组的完整电机转子结构。该电机选用铝镍钴永磁材料，在起动阶段，考虑了降低电枢反应较大对瞬时磁势的影响[3]，直接起动永磁同步电机的额定功率为 0.2～2.2kW。

20 世纪 60 年代，用低成本的铁氧体永磁材料替代金属永磁体首次实现了商业化应用。虽然铁氧体永磁体的剩磁一般约为 0.4T，不到铝镍钴或其他新型永磁体剩磁的 50%，但是铁氧体永磁体的低成本以及优异的耐腐蚀性能，使其获得了巨大的商业成功。实际上，如果按永磁体运输的重量来统计，目前全世界铁氧体永磁体消耗量占永磁体消耗总量的 75%以上。

铁氧体永磁体一经问世，就成功用于表贴式永磁同步电机和内嵌式永磁同步电机等多种永磁同步电机中，成为永磁同步电机永磁体材料的最佳选择。1976 年，Volkrodt 提出了两种内嵌式铁氧体永磁同步电机结构的设计实例[4]，如图 1.7 所示。图 1.7(a)和(b)为用于纤维加工生产线的 2.2kW、18000r/min、2 极水冷式永磁同步电机；图 1.7(c)为 30kW、3000r/min、12 极辐射式永磁同步电机，在该电机中使用了 15kg 铁氧体永磁体。这种电机结构的永磁体磁通更加集中，提高了气隙磁感应强度幅值，从而改善了铁氧体剩磁较低的缺

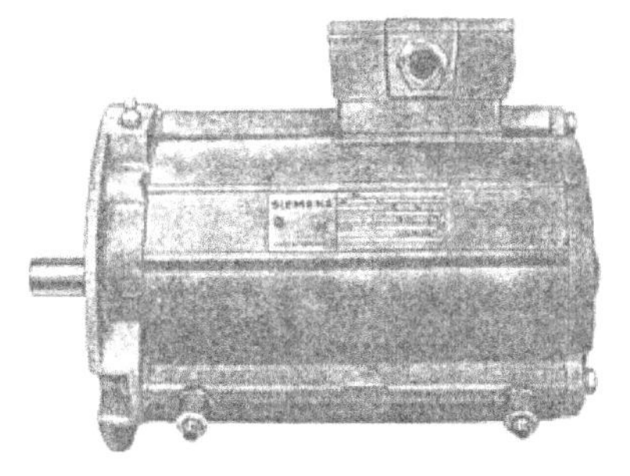

(a) 2极水冷式永磁同步电机外形图

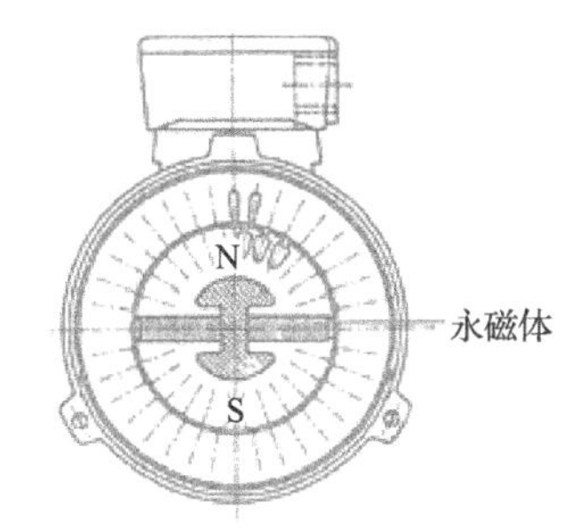

(b) 2极水冷式永磁同步电机截面图

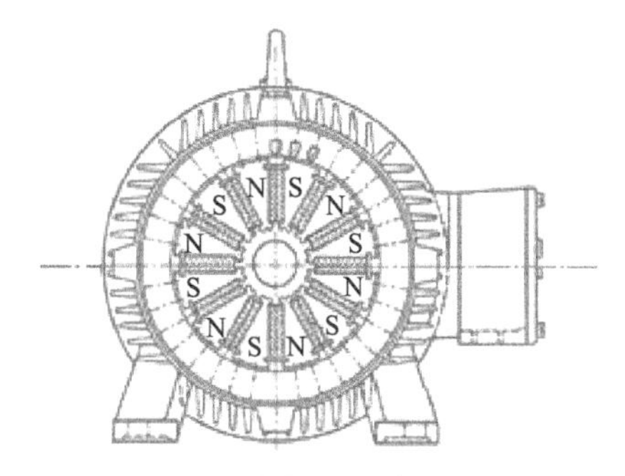

(c) 辐射式永磁同步电机

图 1.7　西门子在 20 世纪 70 年代生产的内嵌式铁氧体永磁同步电机的两个实例

点。在需要高转矩/功率密度的场合，虽然铁氧体永磁同步电机无法与新型烧结稀土永磁电机相比，但是因其成本低、应用广，一直受到业界的青睐。

20 世纪 70 年代，研究表明，内嵌式永磁同步电机除励磁转矩以外，还可充分利用磁阻转矩。内嵌式永磁同步电机励磁转矩和磁阻转矩的组合特性，可以通过 d、q 同步旋转坐标系下电流-转矩方程得出：

$$T_{\mathrm{em}}=\frac{3}{2}p\left[\lambda_{\mathrm{pm}}i_q-(L_q-L_d)i_q i_d\right] \tag{1.1}$$

式中，T_{em} 为瞬时转矩(N·m)；p 为电机极数；λ_{pm} 为永磁磁链(Wb)；i_d 和 i_q 分别为同步旋转坐标系下定子电流的 d 轴、q 轴分量(A)；L_d 和 L_q 分别为定子 d 轴、q 轴的电感(H)。

式(1.1)中的第一项为励磁转矩，其大小与磁链成正比，第二项为磁阻转矩，其大小与定子 d 轴电感和 q 轴电感之差成正比。式(1.1)表明，d 轴电感与 q 轴电感的差值越大(即凸极比越大)，电机磁阻转矩越大。图 1.8 为使用铁氧体永磁材料制造的 4 极内嵌式永磁同步电机的实例，这种电机也称为组合式永磁同步电机[5]。图 1.8 中的内嵌式永磁同步电机转子结构上带有笼条绕组，采用开环恒压频比控制。

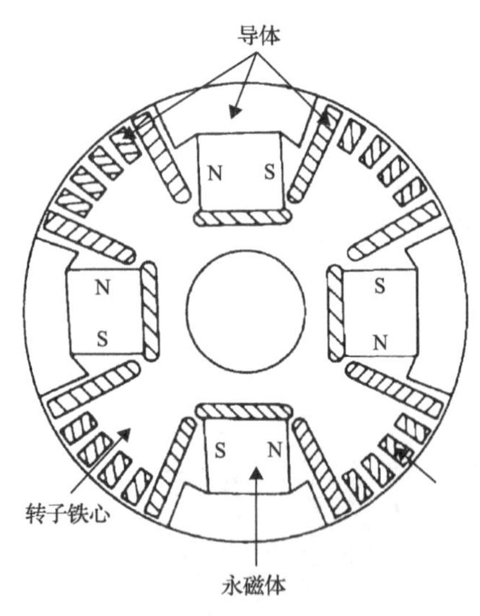

图 1.8　使用铁氧体永磁材料制造的 4 极内嵌式永磁同步电机

20 世纪 70 年代末，随着电力电子技术和现代控制技术的发展，PWM(脉冲宽度调制)开关器件逆变器和矢量控制方法开始应用到内嵌式永磁同步电机中，为带转子位置闭环反馈的现代高性能永磁同步电机控制奠定了理论基础和技术条件，如图 1.9 所示[6]。

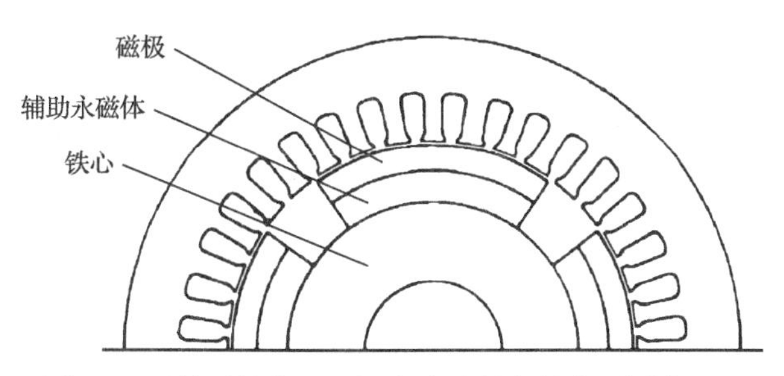

图 1.9　无转子笼条的 4 极内嵌式铁氧体永磁同步电机

从图 1.9 的内嵌式永磁同步电机横截面可以看出，电机的转子上没有转子笼条，但电机中增加了转子位置传感器。在开环控制方案中，可以通过改变逆变器的频率控制电机的加速或减速，而无须在转子上加装起动绕组完成起动过程。闭环时，电机驱动控制器通过获取转子位置反馈信息实现电机的“自同步”运行，从而确保在逆变器频率变化时，同步电机转子不会出现失步现象。在这种情况下，转子笼条不仅多余，而且适得其反，它的存在阻碍了电机磁链的快速变化，影响了转矩的快速响应，且转子笼条内还会产生一定的动态损耗。

20 世纪 70 年代，钐钴(SmCo)磁性材料开启了高磁能积稀土永磁体的商业化进程。20 世纪 80 年代，钕铁硼永磁体的应用使得永磁同步电机获得更高的功率密度和输出转矩。在问世之初，稀土永磁体十分昂贵，因此稀土永磁同步电机仅应用在特殊高性能应用场合，如机床、机器人伺服驱动系统等。20 世纪 90 年代，具有丰富稀土矿藏的中国磁铁产量的增加，降低了钕铁硼永磁体的成本，使高性能永磁同步电机驱动系统得以在低成本市场中广泛应用。

丰田普锐斯(Prius)和本田音赛特(Insight)是第一代混合动力电动汽车的里程碑。两者都选择了钕铁硼永磁同步电机作为动力传动系统的驱动电机[7]，区别在于：本田公司的第一代并联式混合动力(integrated motor assist, IMA)系统以发动机为主动力，表贴式永磁同步电机为辅助动力；而丰田公司在其混合动力传动系统中使用了两台内嵌式永磁同步电机[8]，如图 1.10 所示。图 1.10(a)为 2003 年丰田普锐斯使用的内嵌式永磁同步电机的转子结构，图 1.10(b)为 2004 年本田音赛特混合动力系统中使用的表贴式永磁同步电机的转子结构。

(a) 丰田普锐斯选用的内嵌式永磁同步电机转子结构

(b) 本田音赛特选用的表贴式永磁同步电机转子结构

图 1.10　早期混合动力汽车永磁同步电机的转子结构

这两款车型的问世，直接影响了电动汽车制造企业对高性能电机驱动系统方案的选择。在随后的几年间，基于钕铁硼永磁同步电机驱动器的应用迅速扩展到民用、商用以及工业应用领域。在交通运输领域，永磁同步电机给本田汽车和丰田汽车带来了突出的技术领先优势，全球混合动力或纯电动汽车的主要制造商纷纷采用永磁同步电机作为驱动电机。目前，内嵌式永磁同步电机成为汽车牵引驱动电机的首选，获得了包括本田公司在内几乎所有汽车制造商的普遍认可。

1.3.2　同步磁阻电机

自 20 世纪 80 年代起，研究人员在专注于高性能永磁同步电机驱动应用的同时，也逐渐开始关注转子上不需要加装任何永磁体和绕组的同步磁阻电机。1913 年，Blondel 提出了同步电机的 d 轴、q 轴分析方法[9]，给出了凸极同步电机磁阻转矩的基本概念和基础理论。1926 年，Doherty 和 Nickle 联合发表了一篇经典学术论文[10]，推导出没有转子磁场的凸极同步磁阻电机定子磁势与转子角度的对应关系，如图 1.11 所示。

图 1.11 对应凸极同步磁阻电机定子磁势定向的两个极端情况：图(a)中定子磁势与转子 d 轴(转子齿)对齐；图(b)中定子磁势与转子 q 轴(转子槽)对齐。

20 世纪 60 年代到 70 年代，随着电力电子变流器技术日趋成熟，调速用同步磁阻电机的商业开发获得了新的发展契机。同步磁阻电机驱动器采用开环“恒压频比”控制，电机转子铁心空腔中用铝浇筑成鼠笼绕组[11]，4 极同步磁阻电机的转子横截面见图 1.12。这种电机通常用在纺织厂生产线上，如果多台电机共用同一台驱动器并联供电，这几台电机就可实现精确的同步运

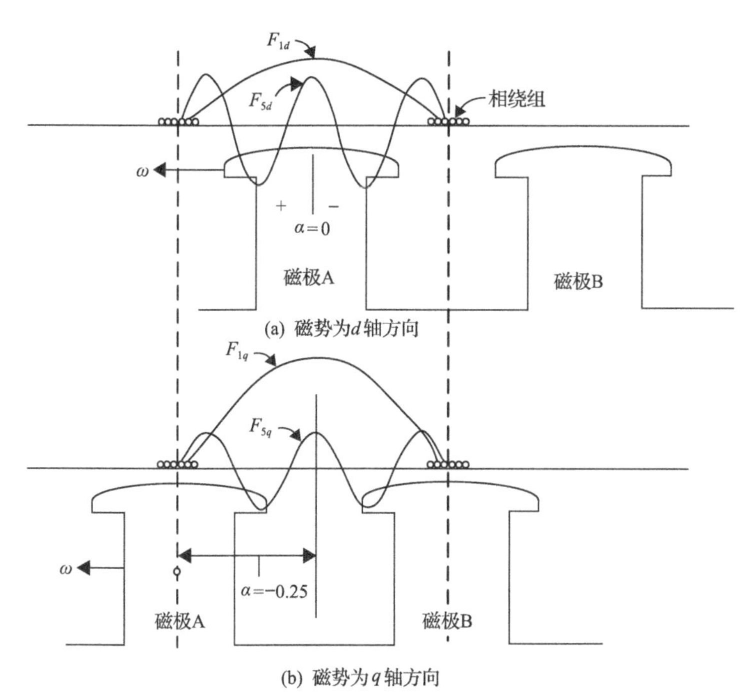

图 1.11　凸极同步磁阻电机定子磁势与转子角度的对应关系

F_{1d}、F_{5d}：d 轴磁势分量；F_{1q}、F_{5q}：q 轴磁势分量；α：转子角度；ω：角速度

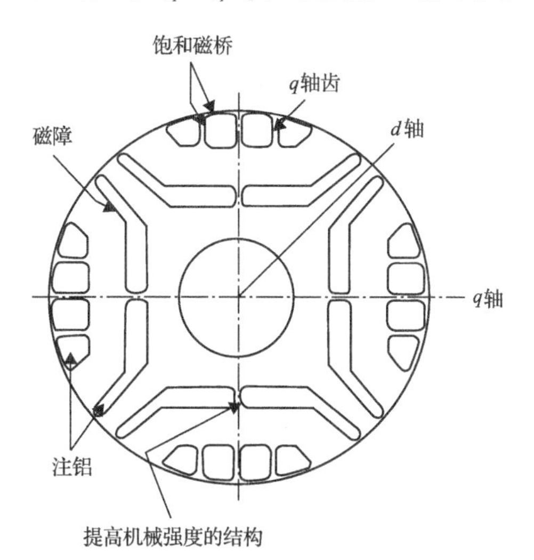

图 1.12　4 极同步磁阻电机的转子横截面

行。20 世纪 60 年代出现一种带笼形绕组的同步磁阻电机，它采用圆形分段叠压式转子铁心结构，在相邻两段磁极叠片之间装入铜条，电机结构横截面如图 1.13 所示[12]。

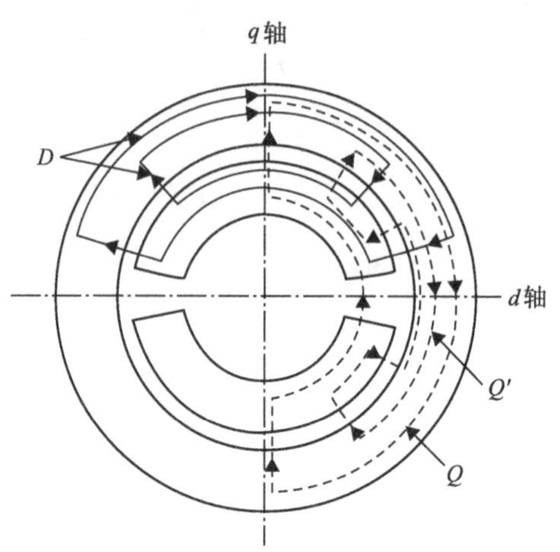

图 1.13　圆形分段叠压式转子铁心结构的带笼形绕组的同步磁阻电机横截面（图中省略转子笼条）

D：d 轴磁力线；Q 和 Q'：q 轴两条磁力线

1923 年，Kostko 指出，只有高凸极比的转子结构，才能解决同步磁阻电机的效率和功率因数较低的问题[13]。因此，他提出将转子做成多层结构，一部分做成导磁层，一部分做成磁障层，以此增大 d 轴电感和 q 轴电感之间的差值，如图 1.14 所示。在随后的几年内，这一理念不断发展，研究人员为实现同步磁阻电机的变频驱动控制，相继提出各种复杂的设计和实施方案。

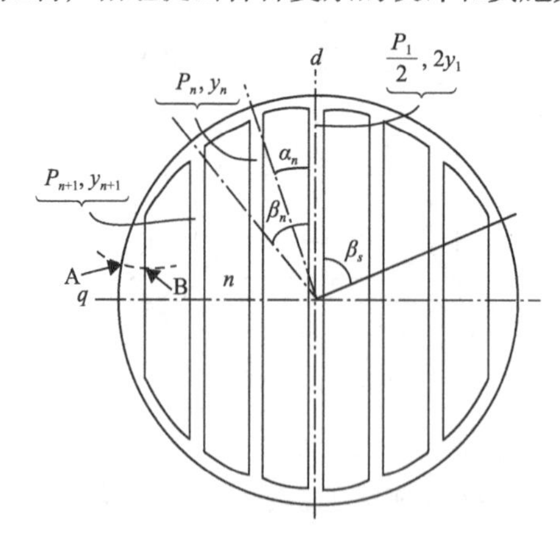

图 1.14　具有多个导磁层的 2 极同步磁阻电机转子结构示意图

图 1.15 为一台 4 极同步磁阻电机转子结构示意图，转子每极有 4 个磁障层[14]。通过磁障层设计来提高电机凸极比，使同步磁阻电机取得了较好的商业成果。其中，最具代表性的成果是 2012 年问世的 ABB 公司工业应用同步磁阻电机及其驱动器，额定功率可从 5.5kW 达到 315kW。在这一系列产品中，在额定工况下 90kW 电机满载效率达到 96.1%，功率因数为 0.73，这些数据可充分说明通过设置磁障层，能够提高电机凸极比，使得同步磁阻电机具有更大的技术优势和先进性[15]。

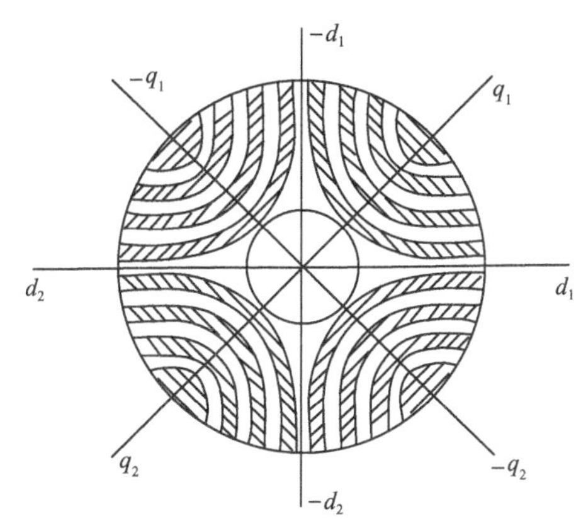

图 1.15　4 极同步磁阻电机转子结构示意图(阴影区域为非磁性材料)

1966 年，转子铁心轴向叠片结构同步磁阻电机的出现，进一步提高了同步磁阻电机的凸极比。该技术沿轴向叠压硅钢片，在两片硅钢片之间用非导磁材料隔开，这种结构的同步磁阻电机与传统横向叠压式电机相比，凸极比更大[16]，如图 1.16 所示。转子由四组安装在转轴上的 C 形铁心轴向叠片组成，然后将

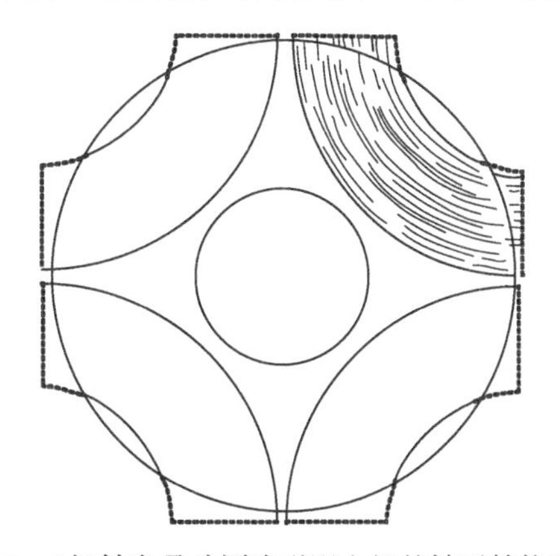

图 1.16　4 极轴向叠片同步磁阻电机的转子结构示意图

其外圆周加工成圆形。图 1.17 为 7.5kW 轴向叠片同步磁阻电机的转子结构实物图，其中每个转子铁心由 62 个厚度为 0.5mm 的硅钢叠片组成[17]。

图 1.17 7.5kW 轴向叠片同步磁阻电机的转子结构实物图

轴向叠片转子结构最突出的特点是每极磁障层数显著增加，进一步提高了电机凸极比。高凸极比可改善电机的功率因数，降低定子励磁电流，提高电机效率。但是，在靠近气隙的转子轴向叠片中铁损会增加，这在一定程度上降低了轴向叠片转子结构的效率。另外，轴向叠片转子结构的工艺复杂、制造困难，因此在一定程度上制约了其商业化发展进程。

1.3.3 从永磁同步电机到同步磁阻电机

由 1.3.1 节以及式(1.1)可知,内嵌式永磁同步电机的转矩由两部分组成：转子永磁体作用产生的励磁转矩和凸极转子结构产生的磁阻转矩。这两种转矩占电机总转矩的比例取决于转子结构和控制策略两个主要因素，其中最主要的是电机本体设计结构。

第一个主要因素是从电机设计角度考虑，通过选取合适的磁链和凸极比，确定构成电机转矩的磁阻转矩和励磁转矩的组合比例。根据电机转矩方程(1.1)，电机有两种极端类型：一种是表贴式永磁同步电机，理想情况下这种类型的电机没有凸极比(即 $L_d = L_q$)，此时电机只产生励磁转矩；另一种是没有永磁体的同步磁阻电机，此时电机只有由转子凸极效应决定的磁阻转矩。两种极端类型电机之间的其他类型设计电机则涵盖了励磁转矩和磁阻转矩所有可能的组合形式。从电机设计角度，磁链和凸极比的组合选择可决定励磁转矩和磁阻转矩在整个转矩中所占比例。为便于讨论，把介于只有励磁转矩和只有磁阻转矩之间所有组合形式的电机统称为内嵌永磁同步电机/铁氧体永磁辅助同步磁阻电机。

从图 1.18 可看出包括同步磁阻电机和永磁同步电机在内的系列化电机的设计思路。在二维设计图中，横轴 x 是永磁磁链 λ_{pm}，纵轴 y 是电机的凸极比 ξ[18]。其中，凸极比是电机转子沿着正交的 q 轴定子电感与 d 轴定子电感的比值，即

$$\xi = \frac{L_q}{L_d} \tag{1.2}$$

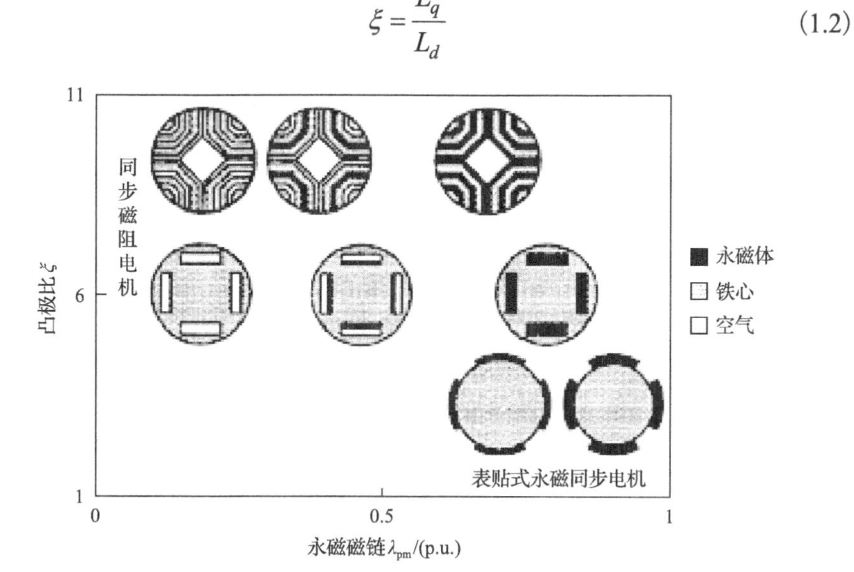

图 1.18　由各种磁链和电感凸极比组合构成的永磁同步电机/同步磁阻电机设计示意图

这里选取永磁体磁场方向为 d 轴方向，则沿 d 轴方向磁链对应的电感值较低，这是因为永磁体内部磁导率接近真空磁导率，导致 d 轴电感值 L_d 较小，相比之下，沿 q 轴方向磁链没有穿过任何永磁体，直接从导磁区域流过，所以 q 轴电感值 L_q 较大。当 L_d 和 L_q 相等时，意味着凸极比等于1，转子不具有凸极效应。

如图 1.18 所示，横轴（x 轴）对应没有凸极结构（即 $\xi=1$）的表贴式永磁同步电机，纵轴（y 轴）对应没有永磁体（$\lambda_{\mathrm{pm}}=0$）的同步磁阻电机。任何可能的磁阻转矩和励磁转矩组合而成的内嵌永磁同步电机/永磁辅助同步磁阻电机的设计，都将落在 x、y 轴构成的平面内。此外，还有一些研究人员正在研究凸极比小于 1（即 $0<\xi<1$）的永磁同步电机的设计，该型电机可以设计成具有特殊用途，例如，用于电机位置自辨识检测，此时电机本身就是转子位置传感器[19]。

第二个主要因素是通过电机励磁电流的控制策略调节磁阻转矩和励磁转

矩所占比例，尤其是在采用电流闭环的电压源逆变器驱动同步磁阻电机的高性能应用中。在任一时刻，瞬时转矩的核心控制量是定子电流矢量幅值及其与转子位置之间的相角。对这两个量的控制决定了图 1.18 中区域内任意电机在任一时刻所产生的磁阻转矩和励磁转矩的大小。对同步电机来说，由于电流具有矢量特征，所以常采用极坐标系代替直角坐标系描述电流产生的转矩，即定子电流用电流矢量幅值 I_s 和电流角 γ 表示，其中，γ 为电流矢量与+q 轴之间的夹角。在极坐标系下，用电流矢量表示电磁转矩的方程为

$$T_{em} = \frac{3}{2} p \cdot [\lambda_{pm} I_s \cos\gamma + 0.5 \cdot (L_q - L_d) \cdot I_s^2 \sin(2\gamma)] \tag{1.3}$$

对于一台内嵌永磁同步电机/永磁辅助同步磁阻电机，若电流矢量的幅值 I_s 为其额定值且恒定不变，则其转矩与电流角之间的关系可描述为图 1.19[20]。可以看出，励磁转矩随电流角的余弦函数变化，当电流矢量方向从$-d$ 轴向$+q$ 轴方向移动时，γ 减小，励磁转矩相应减小。在同一角度范围内，磁阻转矩随 2 倍电流角的正弦函数变化。当电流角为 0°时，励磁转矩最大；当电流角为 45°时，磁阻转矩最大（忽略磁饱和），两者之和即电机总的电磁转矩，其最大值出现在电流角 40°附近。在某一电流幅值下获得最大转矩的运行方式称为最大转矩电流比（maximum torque per ampere, MTPA）控制。在图 1.19 中，电机 MTPA

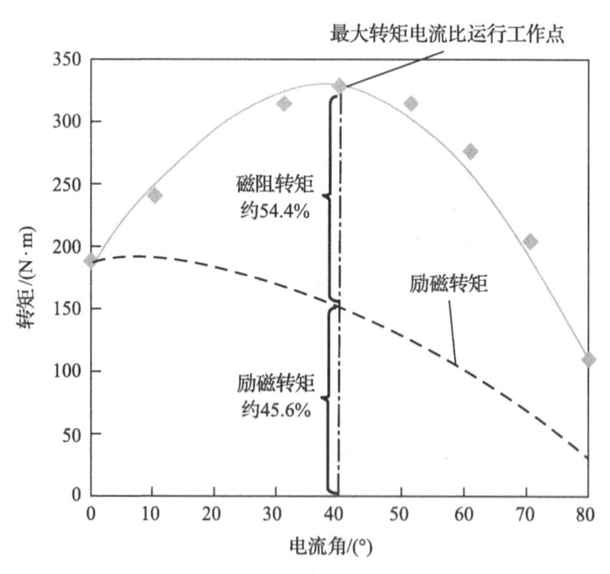

图 1.19　内嵌永磁同步电机/永磁辅助同步磁阻电机转矩与电流角的关系（电流矢量幅值 I_s 恒定）

运行工作点处的磁阻转矩和励磁转矩的相对幅值接近 50%，这里，磁阻转矩约占 54.4%，励磁转矩约占 45.6%，磁阻转矩高于励磁转矩。值得注意的是，两种转矩的幅值取决于永磁磁链 λ_{pm} 和 q 轴、d 轴定子电感差值 L_q-L_d。

1.3.4　恒功率弱磁升速控制

永磁同步电机发展的难点之一是无法直接调节永磁体的磁场强度，尤其是在电力牵引使用驱动控制器的场合，需要在较宽速度范围内实现恒功率运行的情况，如图 1.20 所示。对于传统的转子电励磁同步电机，减小励磁电流 I_f 的幅值，就可以减小磁通，提高电机转速，实现弱磁升速控制。此时，外加电压恒定，若忽略定子阻抗压降，则可认为反电动势 E 的幅值恒定(与 $I_f\omega$ 成正比)，通过弱磁控制，就可以实现电压源逆变器供电下的高速恒功率输出。

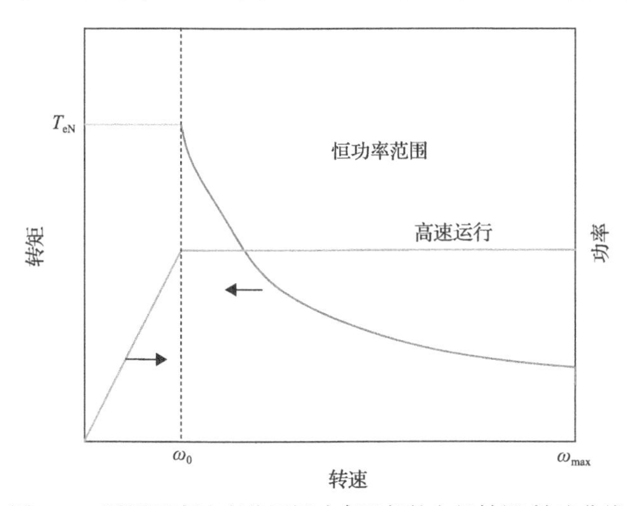

图 1.20　适用于宽速度范围恒功率运行的电机转矩-转速曲线

T_{eN}：额定转矩；ω_0：额定转速；ω_{max}：最大转速

对于永磁同步电机，励磁磁场是由永磁体而不是励磁绕组提供，因此无法通过调节励磁绕组电流实现弱磁升速。若想减小磁链，获得与减小励磁电流相近的控制效果，可通过控制逆变器 d 轴方向定子电流产生反向磁链，以抵消掉一部分永磁体励磁磁链，实现弱磁控制，如图 1.21 所示。若忽略定子阻抗压降，则在弱磁后，在减小的永磁磁链与提高的转速的共同作用下，产生反电动势 E 与电机端电压相平衡。

具体来说，在相位关系上，电压滞后于磁链 90°，所以电机 q 轴电压由 d 轴磁链决定，而 d 轴磁链的大小为

$$\lambda_d = \lambda_{\rm pm} + L_d I_d \tag{1.4}$$

式中，L_d是 d 轴定子电感；I_d是 d 轴定子电流。

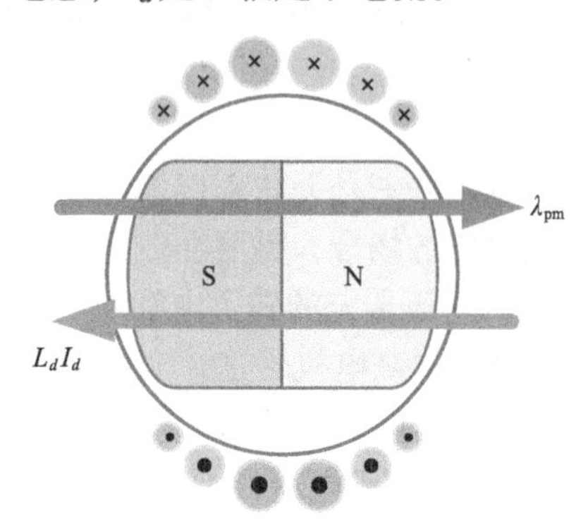

图 1.21　永磁同步电机弱磁示意图

如果 d 轴定子电流为负，大小为 $\lambda_{\rm pm} / L_d$，则由式(1.4)可知，d 轴磁链 λ_d 为 0。磁势对应的电流幅值是永磁同步电机的关键参数，称为特征电流 $I_{\rm ch}$，公式如下：

$$I_{\rm ch} = \lambda_{\rm pm} / L_d \tag{1.5}$$

20 世纪 80 年代末至 90 年代初，特征电流对永磁同步电机恒功率调速范围的重要性获得了学者的广泛认可。特别是，如果设计一台理想的无损永磁同步电机，令其特征电流等于电机额定电流(即 $I_{\rm ch}=I_{\rm N}$)，则可在额定功率下实现无限范围的恒功率调速，见图 1.22[21]。

随着研究工作的不断深入，文献[18]指出，设计满足最优无限恒功率调速范围(constant power speed range, CPSR)条件的永磁同步电机，都可以在图 1.18 中由凸极比与永磁磁链组合构成的内嵌式永磁同步电机二维设计平面中进行研究。所有符合 $I_{\rm ch}=I_{\rm N}$ 的永磁同步电机都分布在图 1.23 的轨迹上。由图 1.23 可知，设计表贴式永磁同步电机实现最优的弱磁控制是其中一个特例。在电机设计的二维图中，内嵌式永磁同步电机的标志性特征是，既含有励磁转矩，也含有磁阻转矩。这条最优弱磁轨迹(P_∞=1)说明：可以在减少电机永磁体(即减少 $\lambda_{\rm pm}$)的同时，增加磁阻转矩(对应更高的 ξ)弥补减少的励磁转矩，从而获得无限恒功率调速特性。

值得注意的是，图 1.23 中最优弱磁轨迹无限趋近于 $\lambda_{\rm pm}$= 0 的纵轴，但并不与纵轴(ξ 轴)相交。这说明，不含永磁体的同步磁阻电机无法实现无限恒功率调速范围。因此，同步磁阻电机的高速运行有两种解决方案：一是，提高

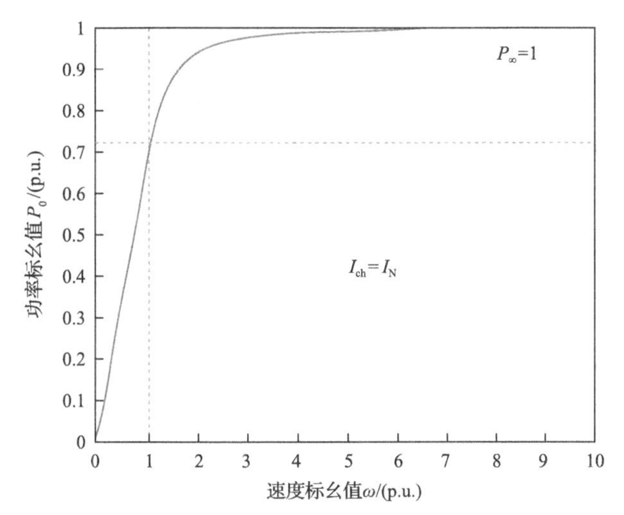

图 1.22　无损永磁同步电机无限恒功率调速范围的功率与速度特性

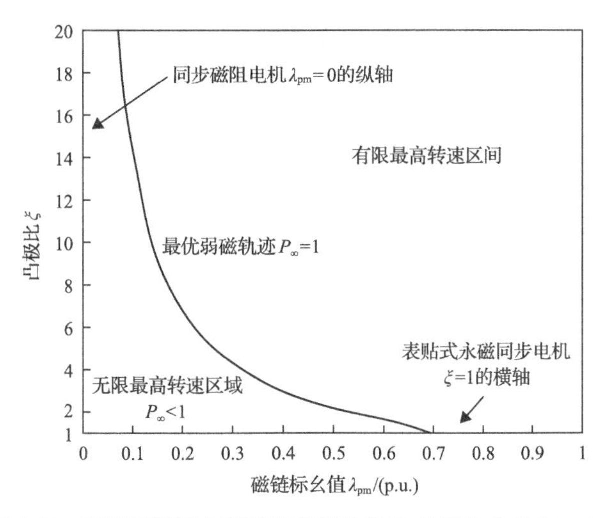

图 1.23　实现无限恒功率调速范围的磁链-凸极比曲线($I_{ch}=I_N$)

电机凸极比，因为同步磁阻电机凸极比越大，其高速特性指标越好。设计电机的高速性能与 P_∞=1 曲线的距离远近有关，距离越远，输出调速性能越差。二是，在设计电机中增加少量永磁体。如果设计电机凸极比较高，则不需要太多永磁磁链就能达到无限恒功率调速范围。在本书后续章节将对这两种实现高速恒功率输出的方案进行深入阐述。

最后，值得一提的是，特征电流对永磁同步电机的运行比对高速恒功率运行具有更重要的意义，而且当发生三相对称短路故障时，每相定子绕组中流过的电流值等于特征电流值。因此，在设计可容错运行的永磁同步电机驱动器时，电机的特征电流值也非常重要。

1.3.5　分数槽集中式绕组的永磁同步电机

在 20 世纪 90 年代后期至 2000 年的巅峰时期，永磁同步电机和同步磁阻电机的研究热点从转子结构转移到定子结构和绕组分布形式上。至今，仍有许多研究人员热衷于研究分布式绕组结构的设计，这种定子结构形式被包括感应电机在内的各种交流电机广泛使用。通常，定子绕组的每极每相槽数设计为整数，可以保证每个极转子与相邻定子槽的物理位置关系不变。图 1.24 为整数槽分布式绕组(integral-slot distributed winding, ISDW)定子结构示意图。

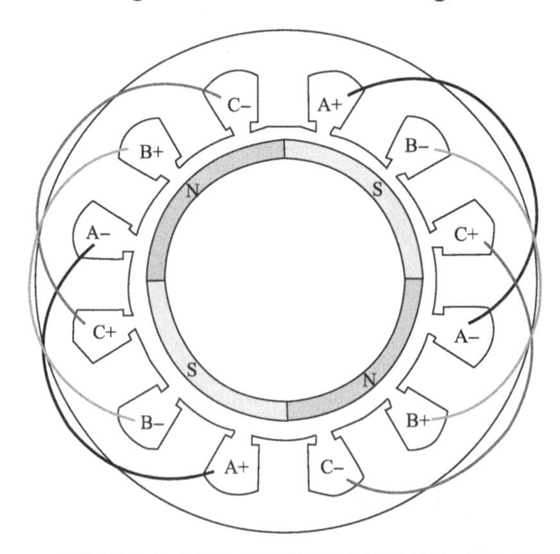

图 1.24　整数槽分布式绕组定子结构示意图(每极每相槽数为 1)

从 20 世纪 90 年代末开始，集中式绕组定子结构重新获得重视，集中式绕组即在每个定子槽内嵌入一个定子线圈边。与分布式绕组相比，集中式绕组端部没有绕组重叠，并且端接部分长度比分布式绕组短，见图 1.25。

集中式绕组定子结构通常与分数槽绕组配合使用，此时每极每相槽数为分数。与整数槽绕组相比，选用分数槽绕组定子结构，转子磁极与其相邻的定子槽之间的物理位置不固定。

采用分数槽集中式绕组(fractional-slot concentrated winding, FSCW)的表贴式永磁同步电机、永磁同步电机/同步磁阻电机和同步磁阻电机不是本书研究的重点，这里不再进行详细讨论。感兴趣的读者可查阅相关的参考文献，

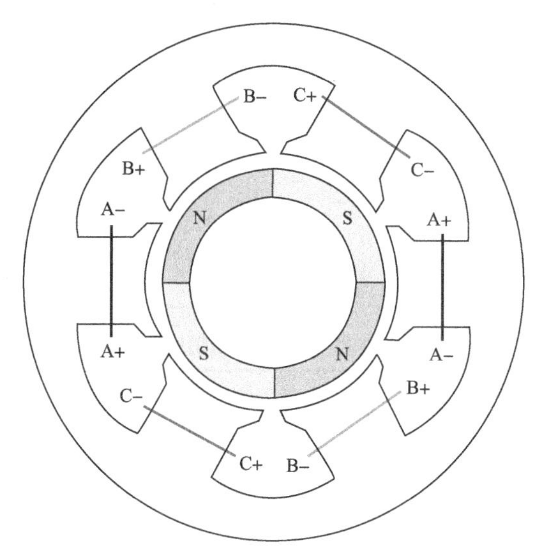

图 1.25　三相 4 极表贴式永磁同步电机定子的分数槽集中式绕组(每极每相槽数为 1/2)

了解更多细节以及这类定子带来的特殊问题[22]。但是，值得注意的是，FSCW 的一个主要优势是：在永磁同步电机弱磁运行时，可使定子电感值增大 5 倍以上[23]。对于表贴式永磁同步电机，因为永磁体相当于真空，所以抑制了电感值，而 FSCW 可增加电感值，有利于降低因相电感低对表贴式永磁同步电机的恒功率调速范围的影响。在特征电流表达式(1.5)中，d 轴电感 L_d 在分母中，因此减小电感值会增大特征电流值，使得分布式绕组的表贴式永磁同步电机电流 I_{ch} 远高于电机额定电流，导致电机 CPSR 运行特性差。采用 FSCW 设计的电机，可显著降低特征电流值，以匹配电机额定电流，为实现恒功率运行的宽调速范围创造了条件。

1.4　永磁同步电机与同步磁阻电机的对比

表贴式永磁同步电机、内嵌永磁同步电机/永磁辅助同步磁阻电机和同步磁阻电机的优势及局限性对比，见表 1.1～表 1.3，对应结论如下：

(1)对于要求效率最高、质量和体积最小的应用场合，首选高磁能积的稀土永磁同步电机，其性能优于其他所有传统材料的电机(超导体电机除外)。如果更关注降低生产成本、减少故障率，并允许在一定程度上降低对性能指标的要求，可选择如同步磁阻电机、感应电机和铁氧体永磁辅助同步磁阻电机等其他类型电机。

表 1.1　表贴式永磁同步电机

优势	局限
(1)高转矩/功率密度； (2)高效率； (3)转矩与 I_q 呈线性关系，简化控制； (4)与 FSCW 定子兼容性高； (5)使用 FSCW 定子实现高 CPSR 的首选电机	(1)高速运行时，需要防止永磁体退磁； (2)FSCW 定子在高速运行时，易受转子损耗的影响； (3)需对永磁体进行分段以避免在高速下的高损耗； (4)非零速下无法消除短路故障电流； (5)只有励磁转矩，需要的高磁能积永磁体含量多、成本高

表 1.2　内嵌永磁同步电机/永磁辅助同步磁阻电机

优势	局限
(1)高转矩/功率密度、高效率； (2)电机设计可调整励磁转矩和磁阻转矩的比例； (3)兼容降低磁阻转矩的 FSCW 定子； (4)实现高 CPSR 的优异方案； (5)永磁体埋在转子内部，为永磁体提供机械保护； (6)转子磁场的凸极比提供了在零速下检测转子位置的方法	(1)非零速下无法消除短路故障电流； (2)高速运行时，需要注意防止永磁体退磁； (3)为了获得高磁阻转矩，需要在每极磁障层嵌入永磁体，转子制造复杂； (4)存在磁阻转矩，转矩控制更为复杂； (5)转子永磁体产生空间磁通谐波，ISDW 定子的铁损较高

表 1.3　同步磁阻电机

优势	局限
(1)不需要永磁体、降低成本； (2)高速运行时电机短路故障不会产生短路定子电流； (3)提高凸极比可显著改善包括功率因数和效率在内的电机性能； (4)增加凸极比或通过嵌入少量永磁体，可实现高速 CPSR； (5)转子凸极性可以实现在零速下检测转子位置； (6)轴向叠片转子可实现凸极比大于 10； (7)由于没有永磁体及可能的退磁风险，可承担较大的过载冲击	(1)效率、转矩/功率密度、功率因数和 CPSR 弱于设计合理的永磁同步电机； (2)除非凸极比可以提高到 7 以上，否则电机性能不够突出； (3)实现高磁阻转矩通常需要每极 3 层以上的磁障层，转子制造复杂； (4)转矩是定子电流幅值的非线性函数； (5)轴向叠片转子较难制造，高速下转子损耗高

(2)虽然永磁同步电机的优势明显，但永磁同步电机还受到如高磁能积永磁体成本高以及其他不确定性因素的限制。此外，当电机运行过程中发生短路故障时，较高的反电动势会使电机产生很大的短路电流，甚至烧毁电机。

(3)结合励磁转矩和磁阻转矩的内嵌永磁同步电机/永磁辅助同步磁阻电机可以组成多种形式的同步电机，采用定制化设计可充分利用其优势满足不同的性能要求。例如，提高磁阻转矩在总输出转矩中的占比来代替部分励磁转矩，降低了永磁体的成本。

(4)完全没有永磁体的同步磁阻电机具有成本较低、转子结构坚固的明显优势，但是需要尽量增大电机的凸极比，提高电机的功率因数、效率和转矩/功率密度，才能达到与设计好的感应电机或永磁同步电机相媲美的性能。因此，同步磁阻电机设计面临更大的技术挑战。

1.5　本书主要内容

本书介绍减少使用昂贵稀土永磁体的同步电机领域的最新技术发展方向：完全不用永磁体，更多地利用磁阻转矩；用铁氧体之类较便宜的永磁体代替稀土永磁体；设计以磁阻转矩为主的电机，从而减少永磁体的使用量。

在第 1 章中托马斯・M・詹斯教授(威斯康星大学麦迪逊分校)首先介绍了稀土永磁体价格对永磁同步电机的影响，然后阐述了同步电机的发展历程，最后对比了永磁同步电机和同步磁阻电机的优缺点。

在第 2 章中尼古拉・比安奇教授(帕多瓦大学)主要论述关于依赖磁阻转矩的高性能同步电机上述三大方向的最新进展，同时介绍转矩脉动最小化、无位置传感器技术以及分数槽绕组配置等内容。

在第 3 章中文良・宋教授(阿德莱德大学)重点研究同步磁阻电机设计相关的基础问题。详细分析在同步磁阻电机气隙中产生的切向应力与表贴式永磁同步电机中的切向应力。同时研究使用铁氧体永磁体代替高磁能积稀土永磁体的影响。

在第 4 章中吉安马里奥・佩莱格里诺教授(都灵理工大学)深入讨论在电机设计和控制中永磁同步电机建模的相关问题。主要讨论以永磁同步电机和永磁辅助同步磁阻电机为主的电机中磁饱和以及 d、q 轴之间的交叉耦合效应对于磁场非线性的影响。主要内容包括设计磁链观测器、无位置传感器和模型辨识。

在第 5 章中弗朗西斯科・库比蒂诺教授(巴里理工大学)讨论同步磁阻电机和内嵌式永磁同步电机的自动化设计、计算机优化等许多设计相关的重要问题。研究电磁有限元分析与基于全局搜索算法的优化技术相结合的应用方法，并在开源平台 SyR-e 上进行高性能同步磁阻电机优化设计。

1.6　本章小结

少稀土以及无稀土永磁材料的高性能同步电机已成为全球电机工作者研

究的热点，在近十年取得了长足的进步和发展。

正如开篇所讲，当代研究人员从工业界和学术界前辈的工作中受益匪浅，为现今最新技术的发展奠定了科技基础。除本章提到的里程碑式发展的研究人员和工程师之外，还有许多其他国家的学者付出了艰辛的努力，无论贡献多少，都为下一次重大突破奠定了宝贵的前期基础。

在本章结束之前，同样感谢本章未提及的许多其他领域的科学家和工程师在开发稀土永磁材料和功率半导体器件时发挥的关键作用，这些构成了本书提到的新电机发展的基本背景。希望这些相关领域的技术引领者能够提供新型永磁材料和电力电子元件，使得电机及驱动器体积更小、重量更轻、效率更高和价格更低，从而为永磁同步电机以及同步磁阻电机和驱动器的开发开辟更加广泛的应用前景。

参 考 文 献

[1] Watson, E.A.: The economic aspects of the utilization of permanent magnets in electrical apparatus. IEE J. 63, 822-834 (1925)

[2] Brainard, M.W.: Synchronous machines with permanent-magnet fields: part I—characteristics and mechanical construction. AIEE Trans. 71, 670-676 (1952)

[3] Merrill, F.W.: Permanent-magnet excited synchronous motors. AIEE Trans. 74, 1750-1754 (1955)

[4] Volkrodt, V.K.: Machines of medium-high rating with a ferrite magnet field. Siemens Rev. 43(6), 248-254 (1976)

[5] Binns, K.J., Jabbar, M.A.: Some recent developments in permanent magnet alternating current machines. In: Proceedings of International Conference on Electrical Machines, Art. SP3/1, Brussels (1978)

[6] Lajoie-Mazenc, M., Carlson, R., Hector, J., Pesque, J.J.: Characterisation of a new machine with ferrite magnets by resolving the partial differential equation for the magnetic field. Proc. IEE 124(8), 697-701 (1977)

[7] Hsu, J.S., Ayers, C.W., Coomer, C.L.: Report on Toyota/Prius motor design and manufacturing assessment, Oak Ridge National Laboratory, Report ORNL/TM-2004/137, July (2004)

[8] Kabasawa, A., Takahashi, K.: Development of the IMA motor for the V6 hybrid midsize sedan, presented at SAE 2005 World congress & exposition, SAE Technical paper no. 2005-01-0276, 1-8 2005

[9] Blondel, A.E.: Synchronous Motors and Converters: Theory and Methods of Calculation and Testing, translated by Mailloux, C.O. McGraw Hill Book Co., New York (1913)

[10] Doherty, R.E., Nickle, C.A.: Synchronous machines: I—An extension of Blondel's two-reaction theory. J. AIEE 45, 912-942 (1926)

[11] Honsinger, V.B.: Inherently stable reluctance motors having improved performance. IEEE Trans. Power Apparatus and Syst. PAS-91 (4), 1544-1554 (1972)

[12] Lawrenson, P.J., Agu, L.A.: Theory and performance of polyphase reluctance machines. Proc. IEE 111 (8), 1435-1445 (1968)

[13] Kostko, J.K.: Polyphase reaction synchronous machines. J. AIEE 42 (11), 1162-1168 (1923)

[14] Fratta, A., Vagati, A.: A reluctance motor drive for high dynamic performance applications. Rec. IEEE Ind. Appl. Soc. Ann. Mtg. 1, 295-301. Atlanta (1987)

[15] DOLSynRM concept introduction up to IE5 efficiency. ABB fact sheet. https://library.e.abb.com/public/5dda0668955440c0a4483de90c7cdf7a/ABB_fact_file_DOLsynRM_LOWRES.pdf (2015)

[16] Cruickshank, A.J.O., Menzies, R.W., Anderson, A.F.: Axially laminated anisotropic rotors for reluctance motors. Proc. IEE 113 (12), 2058-2060 (1966)

[17] Soong, W.L., Staton, D.A., Miller, T.J.E.: Design of a new axially-laminated interior permanent magnet motor. IEEE Trans. Ind. Appl. 31 (2), 358-367 (1995)

[18] Soong, W.L., Miller, T.J.E.: Field-weakening performance of brushless synchronous AC motor drives. Proc. IEEE Elec. Power Appl. 141 (6), 331-340 (1994)

[19] Wu, S., Reigosa, D.D., Shibukawa, Y., Leetma, M.A., Lorenz, R.D., Li, Y.: Interior permanent-magnet synchronous motor drive for improving self-sensing performance at very low speed. IEEE Trans. Ind. Appl. 45 (6), 1939-1946 (2009)

[20] Miura, T., Chino, S., Takemoto, M., Ogasawara, S., Chiba, A., Hoshi, N.: A ferrite permanent magnet axial gap motor with segmented rotor structure for the next generation hybrid vehicle. In: Proceedings of International Conference Electrical Machines (ICEM), Rome, 1-6 2010

[21] Schiferl, R.F., Lipo, T.A.: Power capability of salient pole permanent magnet synchronous motors in variable speed drive applications. IEEE Trans. Ind. Appl. 26 (1), 115-123 (1990)

[22] EL-Refaie, A.M.: Fractional-slot concentrated-winding synchronous permanent magnet machines: opportunities and challenges. IEEE Trans. on Ind. Electro. 57 (1), 107-121

(2010)

[23] EL-Refaie, A.M., Jahns, T.M.: Optimal flux weakening in surface PM machines with fractional-slot concentrated windings. IEEE Trans. Ind. Appl. 41 (3), 790-799 (2005)

第2章　同步磁阻电机和永磁辅助同步磁阻电机

尼古拉·比安奇

本章首先重点介绍同步磁阻电机和永磁辅助同步磁阻电机分析、设计的核心内容，强调各自的优点，以及诸如功率因数低、转矩脉动大等缺点，并给出改进措施。然后提出使用铁氧体永磁材料代替稀土永磁材料，利用转子结构的各向异性增加电机磁阻转矩，补偿因铁氧体磁能积较低带来的问题。最后总结电机控制和无转子位置传感器控制的基本概念，提出几种采用分数槽绕组克服转矩脉动的方法。

2.1　引　言

横向叠片式的同步磁阻电机不是近几年才出现的，这种电机具有结构坚固、过载能力强、成本低等特点，越来越受到业界关注。同步磁阻电机特别适合动态响应快、转矩密度高和容错能力强的工况。图 2.1(a)分别对应每极两层磁障和每极三层磁障两种转子结构的 4 极同步磁阻电机。图 2.1(b)所示电机的转子结构与图 2.1(a)类似，不同之处是在每个转子磁障层内嵌入永磁体，这种结构的电机称为永磁辅助同步磁阻电机，当永磁体磁通是电机主磁通时，称其为内嵌式永磁同步电机[1,2]。在转子结构中增加永磁体的目的在于使转子磁桥部分饱和、增加电机转矩、提高功率因数等，这些将在后续章节进行进一步阐述。

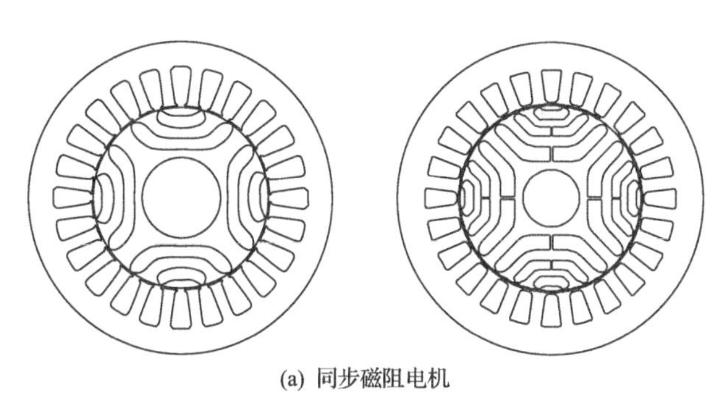

(a) 同步磁阻电机

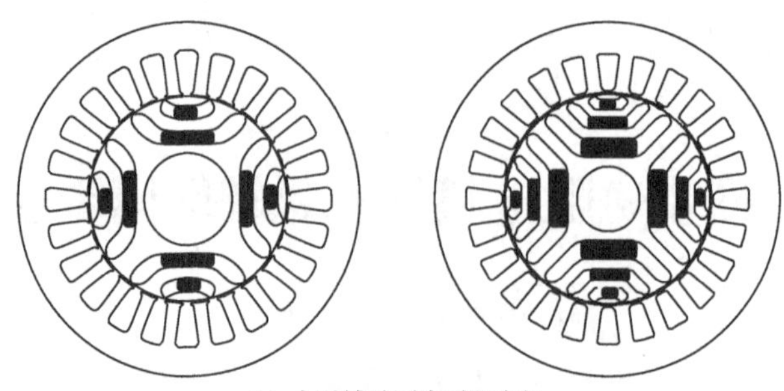

(b) 永磁辅助同步磁阻电机

图 2.1　两层、三层磁障 4 极电机转子结构示意图

2.2　同步磁阻电机

4 极同步磁阻电机结构和磁力线分布示意图，如图 2.2 所示。图 2.2(a)为电机定转子叠片图。转子磁力线有两个回路方向：一个是图 2.2(b)所示高磁导率磁路，磁力线在转子铁心中沿平行磁障层的导磁通道流过，定义为 d 轴

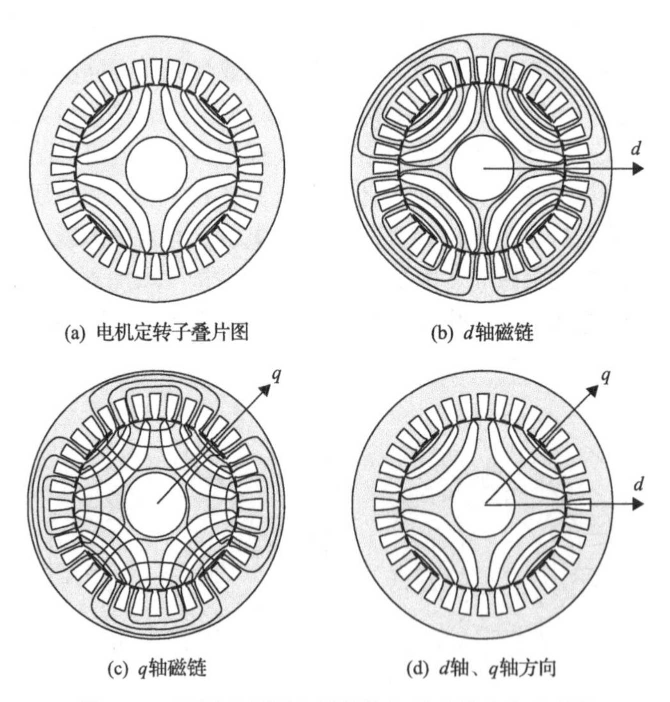

(a) 电机定转子叠片图　　(b) d轴磁链

(c) q轴磁链　　(d) d轴、q轴方向

图 2.2　4 极同步磁阻电机结构和磁力线分布示意图

方向；另一个是图 2.2(c)所示低磁导率磁路，磁力线垂直穿过转子磁障层，定义为 q 轴方向。d 轴、q 轴方向如图 2.2(d)所示。

第 1 章提到，同步磁阻电机设计转子磁障层的目的在于减小 q 轴方向的磁链，增加电机凸极比，从而产生更大的磁阻转矩。然而，为保证转子结构的机械强度，转子铁心必须保留磁桥(或者位于磁障层末端，或者位于磁障层中间部位)。这必然使部分 q 轴磁链沿磁桥流过，在一定程度上降低转矩。

图 2.3(a)是同步磁阻电机在 i_q=0 时磁链与 d 轴电流 i_d 的对应关系，以及在 i_d=0 时磁链与 q 轴电流 i_q 的对应关系。由图可知，在同一电流幅值下，d 轴磁链明显高于 q 轴磁链。而当电流幅值继续增大时，d 轴磁链会受到铁心磁饱和的限制，图中标出了相应定子磁路的磁感应强度值。值得注意的是，这里的电感并非恒值，而是随着定子电流幅值的变化而改变的。视在电感不等同于增量电感，关于视在电感和增量电感的具体说明详见本书第 4 章。

与 d 轴不同，转子磁障层的存在使得 q 轴磁链较低，q 轴磁链与 q 轴电流近似为线性关系。当 q 轴电流趋近于零时，受磁桥部分饱和的影响，磁链曲线急剧下降。

与此类似，永磁辅助同步磁阻电机 d 轴、q 轴磁链与电流的对应关系，如图 2.3(b)所示。在前面提及的同步磁阻电机结构的基础上，在转子磁障层中增加永磁体时，对应的 q 轴磁链为负值，此时，q 轴磁链与 q 轴电流的关系如图 2.3(b)所示。

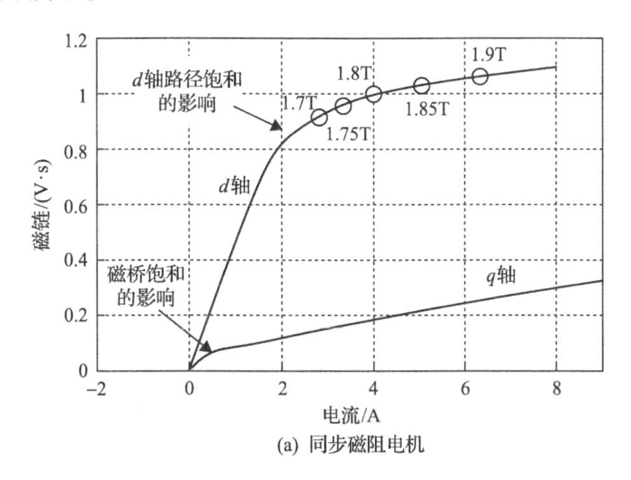

(a) 同步磁阻电机

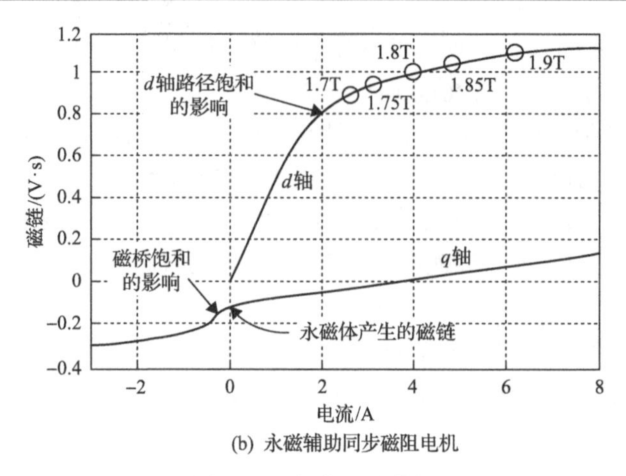

(b) 永磁辅助同步磁阻电机

图 2.3　磁链与电流特性

一般来说，磁链与电流的关系可表示为

$$\begin{cases}\lambda_d = L_d i_d \\ \lambda_q = L_q i_q - \lambda_{\mathrm{pm}}\end{cases} \tag{2.1}$$

式中，λ_{pm}是永磁磁链；L_d和L_q分别是d轴、q轴的视在电感。与电机主磁通对应的是d轴励磁电感L_d。因受到磁障层的阻碍，故q轴电感L_q相当低。关于电机的优化设计，详见本书第 3 章和第 5 章。

式(2.1)是一个理想磁模型。首先，忽略磁饱和时电感值随电流的变化；其次，忽略d轴与q轴之间的交叉耦合效应，这一效应将在第 4 章进行研究。

定义d轴电感和q轴电感之比为电机凸极比ξ，$\xi = L_d/L_q$。在不同的电流幅值下，同步磁阻电机转矩与电流角$\alpha_{\mathrm{i}}^{\mathrm{e}}$的对应关系，如图 2.4(a)所示。图中也给出了相应定子磁路的磁感应强度值。当定子电流矢量向d轴(即$\alpha_{\mathrm{i}}^{\mathrm{e}} = 0°$)方向移动时，磁感应强度值相应增大，而当定子电流矢量向q轴方向移动时，磁感应强度值相应减小。图中突出显示了在给定电流幅值下，电机所能输出的最大转矩。

与此类似，在不同电流幅值下，永磁辅助同步磁阻电机转矩与电流角$\alpha_{\mathrm{i}}^{\mathrm{e}}$的对应关系，如图 2.4(b)所示。定子铁心的最大磁感应强度反映了它的磁极限。在额定电流下，同步磁阻电机和永磁辅助同步磁阻电机的磁力线和磁感应强度云图，见图 2.5。

在相同电流和磁感应强度幅值下，增加铁氧体永磁体可使电机输出更大的电磁转矩。电流和磁感应强度幅值变化对电磁转矩的影响在本书第 3 章中进行分析。

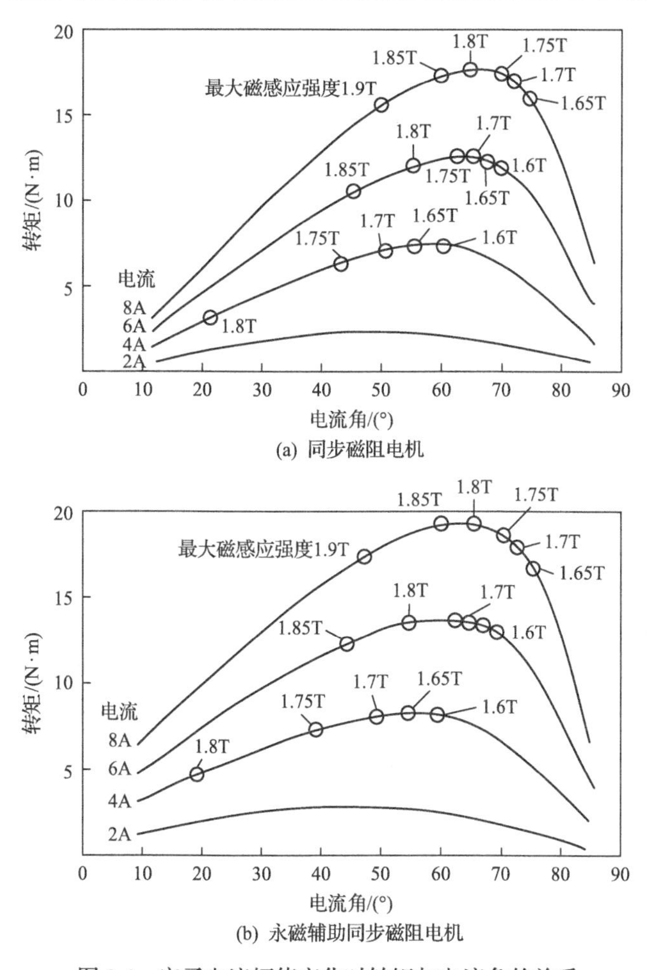

(a) 同步磁阻电机

(b) 永磁辅助同步磁阻电机

图 2.4　定子电流幅值变化时转矩与电流角的关系

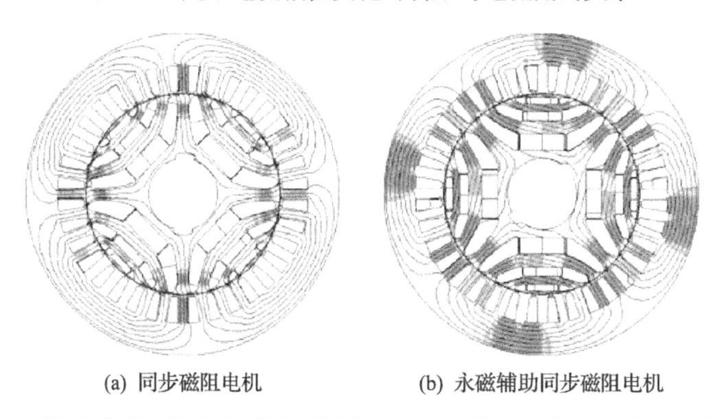

(a) 同步磁阻电机　　(b) 永磁辅助同步磁阻电机

图 2.5　同步磁阻电机和永磁辅助同步磁阻电机的磁力线和磁感应强度云图

2.2.1 转矩的计算

假设磁模型是一个不计铁损、无磁滞现象的理想模型，则电磁转矩的表达式如下[3,4]：

$$T_{\mathrm{em}} = \frac{3}{2}p(\lambda_d i_q - \lambda_q i_d) - \frac{\partial W_{\mathrm{mc}}(i_d, i_q, \theta_{\mathrm{m}})}{\partial \theta_{\mathrm{m}}} \tag{2.2}$$

式中，p 为极数；W_{mc} 为磁共能，是转子位置 θ_{m} 和定子电流 i_d、i_q 的函数。

当电机旋转时，磁共能的平均值为零，因此研究平均转矩时通常忽略式(2.2)中的第二项，仅考虑式(2.2)中的第一项，即 $T_{dq} = \frac{3}{2}p(\lambda_d i_q - \lambda_q i_d)$。而在研究转矩(包含平均转矩和转矩脉动)与转子位置的实际关系时，必须利用完整的表达式(2.2)进行分析。

例如，图 2.6(a)为利用有限元(finite element, FE)分析同步磁阻电机负载时得到的转矩特性。此时，电机同时通入 d 轴和 q 轴电流，实际转矩用麦克斯韦应力张量法计算求得，这里用实线表示，从图中可以看出，电机具有明显的转矩脉动。式(2.2)中第一项 T_{dq} 对应的曲线用虚线表示，较为平滑，数值接近平均转矩。根据式(2.2)，将磁共能对转子位置的偏导数与 T_{dq} 相加得到转矩，用圆圈表示，从图 2.6 可以看出，其结果与麦克斯韦应力张量法计算转矩完全对应，圆圈与实线几乎重叠。

图 2.6(b)为永磁辅助同步磁阻电机负载时转矩与转子位置的关系。与同步磁阻电机相似，T_{dq} 的曲线平滑且接近平均转矩。根据式(2.2)，将磁共能对

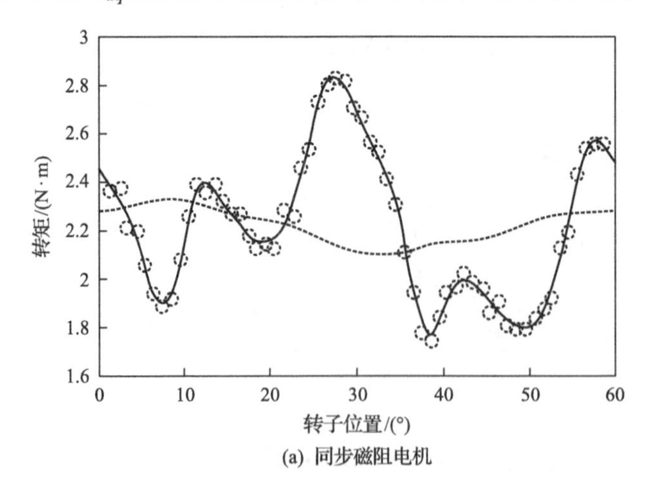

(a) 同步磁阻电机

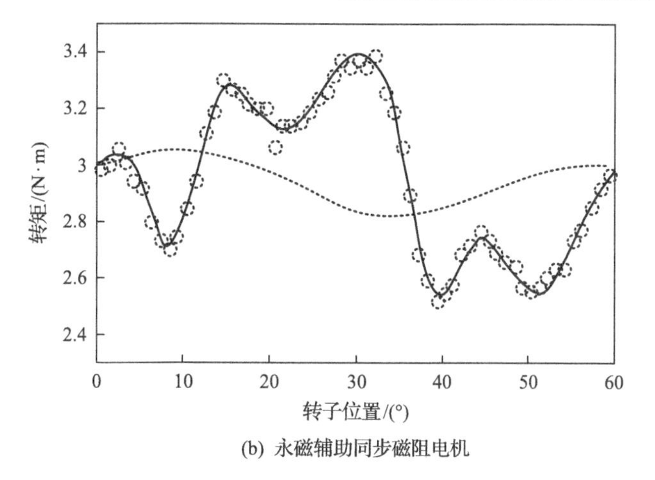

(b) 永磁辅助同步磁阻电机

图 2.6　i_d 和 i_q 电流为某一恒值时电机负载运行的转矩特性

转子位置的偏导数与 T_{dq} 相加，得到对应于麦克斯韦应力张量法计算的永磁辅助同步磁阻电机实际转矩曲线。

忽略铁心磁饱和与转矩脉动，平均转矩可表示为

$$T_{\mathrm{em}}=\frac{3}{2}p(L_d-L_q)i_d i_q+\frac{3}{2}p\lambda_{\mathrm{pm}}i_d \tag{2.3}$$

式(2.3)中的第一项是磁阻转矩，第二项是励磁转矩，在第 1 章中已有定义。

总之，同步磁阻电机中的磁阻转矩是由 d 轴电感和 q 轴电感之差 L_d-L_q 产生的，而励磁转矩是由永磁体作用产生的。

最后，给出一种基于气隙磁通量的同步磁阻电机磁模型。其中，磁阻转矩表示为定子电流密度 $K_{\mathrm{s}}(\theta_{\mathrm{m}})$ 与转子磁势标量 $U_{\mathrm{r}}(\theta_{\mathrm{m}})$ 的函数，转子磁势标量是由磁通穿过磁障层引起的，两者都与角度 θ_{m} 有关。产生的电磁转矩为

$$T_{\mathrm{em}}=\frac{\mu_0}{g}\frac{D_{\mathrm{s}}^2L_{\mathrm{stk}}}{4}\int_0^{2\pi}-U_{\mathrm{r}}(\theta_{\mathrm{m}})K_{\mathrm{s}}(\theta_{\mathrm{m}})\mathrm{d}\theta_{\mathrm{m}} \tag{2.4}$$

式中，D_{s} 是定子内径；L_{stk} 是铁心长度；μ_0 是真空磁导率。

2.2.2　励磁转矩和磁阻转矩

将电机电磁转矩分解成励磁转矩和磁阻转矩两部分进行研究，具有重要的现实意义。当发生磁饱和时，电机电磁转矩并不是立刻变化的，这就需要

对 d 轴、q 轴的电流和磁链进行深入分析。

由于磁路沿着 d 轴方向对称分布，正负 d 轴电流会产生幅值相等、符号相反(与电流符号相同)的 d 轴磁链。当 d 轴电流由正变为负时，转矩也相应地由正变为负。

与此类似，当 q 轴电流为负时，产生与永磁磁链方向相同的磁通；当 q 轴电流为正时，产生与永磁磁链方向相反的磁通。因此，可以通过控制 q 轴电流的正负获得不同方向的磁链。当改变 q 轴电流方向时，只有磁阻转矩反向，而励磁转矩方向不变。

对应某一运行工作点给定的电流值(I_d, I_q)的电磁转矩由两部分组成：励磁转矩 T_{pm} 和磁阻转矩 T_{rel}，则有

$$T_{pm}=\frac{1}{2}\left[T_{em}(I_d,I_q)+T_{em}(I_d,-I_q)\right] \tag{2.5}$$

$$T_{rel}=\frac{1}{2}\left[T_{em}(I_d,I_q)-T_{em}(I_d,-I_q)\right] \tag{2.6}$$

2.2.3　同步磁阻电机的矢量图

同步磁阻电机的矢量图如图 2.7 所示。图中，电流矢量 $\boldsymbol{I}$ 可分解为 d 轴电流 I_d 和 q 轴电流 I_q，从而分别产生 d 轴磁链 L_dI_d 和 q 轴磁链 L_qI_q，总磁链是 d 轴、q 轴磁链的矢量和 $\boldsymbol{\Lambda}$，$\boldsymbol{\Lambda}$ 乘以 jω 为电压矢量 $\boldsymbol{V}$。

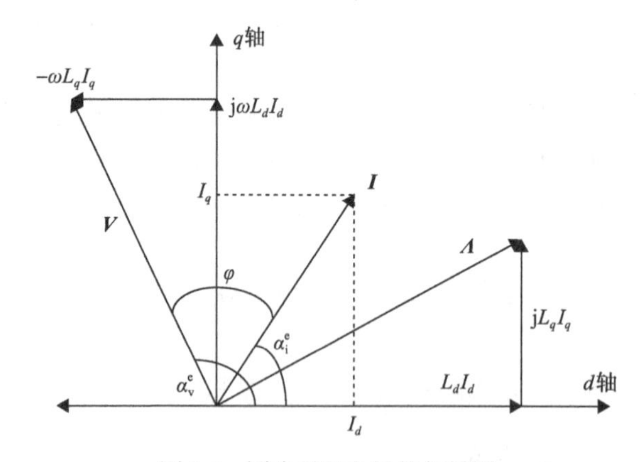

图 2.7　同步磁阻电机的矢量图

α_i^e：电流矢量与 d 轴之间的夹角；α_v^e：电压矢量与 d 轴之间的夹角；φ：功率因数角

即使 d 轴电流 I_d 与 q 轴电流 I_q 大小相等，d 轴磁链也会大于 q 轴磁链。

电机一般采用电流矢量控制方法，MTPA 控制轨迹是通过控制第一象限内电流角来实现的，当忽略磁饱和时，有 $\alpha_{\mathrm{i}}^{\mathrm{e}}=45°$。图 2.8 中列出了 MTPA 控制策略下 i_d-i_q 平面内的转矩图。

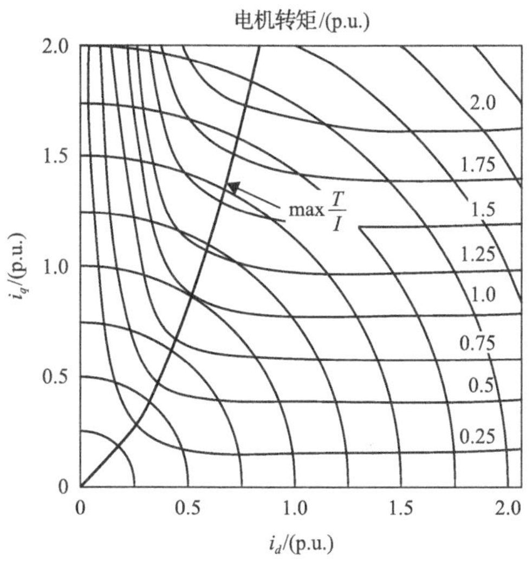

图 2.8　MTPA 控制策略下 i_d-i_q 平面内的转矩图

2.2.4　同步磁阻电机的功率因数

同步磁阻电机的缺点之一是功率因数(power factor, PF)很低，从图 2.7 的矢量图可以看出，定子电压矢量超前于定子电流矢量，并且功率因数角相当高。

功率因数是凸极比 ξ 的函数，忽略磁饱和，同步磁阻电机功率因数随凸极比的变化趋势，如图 2.9 所示。图中实线对应采用电流矢量 MTPA 控制策

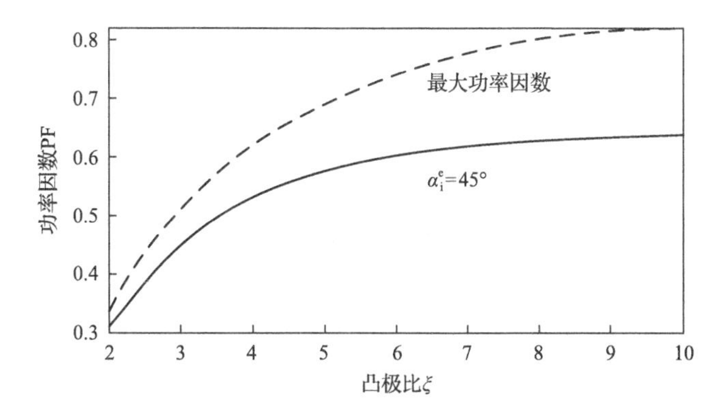

图 2.9　同步磁阻电机功率因数随凸极比的变化趋势(忽略磁饱和)

略运行时的功率因数，即 $i_d = i_q$（或 $\alpha_i^e = 45°$）。由图可知，当 ξ=10 时，功率因数非常低，$\cos\varphi$ =0.63；虚线对应采用最大功率因数控制策略时的功率因数，即 $\tan(\alpha_i^e) = \sqrt{\xi}$ 。此时，可实现功率因数最大化，当 ξ=10 时，功率因数有所提高，略高于 0.8。

当考虑磁饱和时，以较大的角度 α_i^e 进行电流矢量控制，可以提高功率因数，相关内容将在第 3 章进行讨论。无论如何，同步磁阻电机逆变器的额定功率通常比电机输出功率高 20%～30%。

2.3　磁饱和效应

可通过改变磁障层的厚度，研究铁心磁饱和程度对电机性能的影响。如图 2.10 所示，首先定义转子磁障层总的厚度与转子铁心的厚度之比 k_{air} 为

$$k_{air} = \frac{L_{air}}{L_{air} + L_{fe}} = \frac{\sum_i t_{bi}}{(D_r - D_{sh})/2} \tag{2.7}$$

式中，t_{bi} 为第 i 个磁障层的厚度；D_r 为转子铁心外径；D_{sh} 为转子轴径。

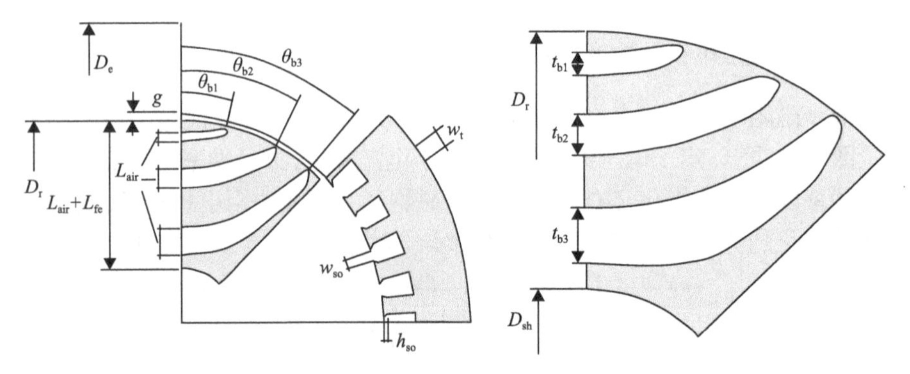

图 2.10　同步磁阻电机几何形状和参数

D_r：转子铁心外径；D_e：定子铁心外径；L_{air}：总磁障层厚度；g：气隙

通常，根据定子几何形状（如齿宽和磁轭厚度）选择 k_{air}，由此定义与定子形状相关的定子槽宽比 $k_{air,s}$ 为

$$k_{air,s} = \frac{p_s - w_t}{p_s} \tag{2.8}$$

式中，p_s 为定子齿距，$p_s = \pi D_s / Q_s$ ，D_s 为定子内径，Q_s 为定子齿数；w_t 为

定子齿宽。

显然，为使电机定转子磁饱和均匀，k_{air} 应该尽量接近定子槽宽比 $k_{air,s}$。

这里，以每极三个磁障层的四极电机为例，在两种极端情况下($k_{air}>k_{air,s}$ 或者 $k_{air}<k_{air,s}$)进行仿真对比研究。设电机定子槽宽比 $k_{air,s}=0.46$，分别选择 $k_{air}=0.35$ 和 $k_{air}=0.65$，对应的电机转子结构图，如图 2.11 所示。

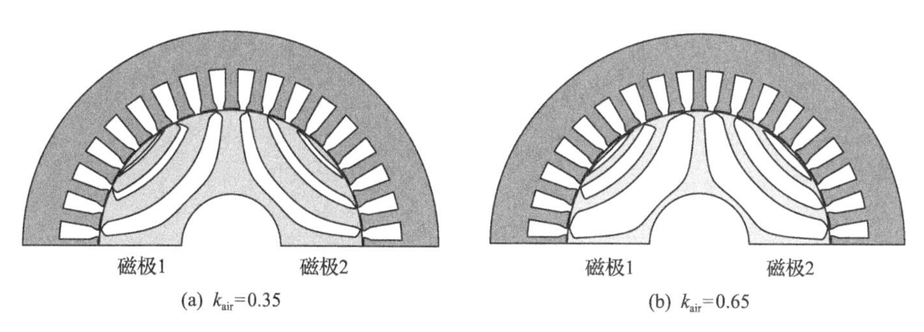

图 2.11　k_{air} 为 0.35、0.65 时对应的电机转子结构图

将转子磁障层的端部设计成不同角度，即 N 极磁障和 S 极磁障形状略有不同，可以减小转矩脉动，详见 2.8 节。第 5 章将在模型分析或电机有限元模型的基础上进行电机优化设计。

由有限元分析可以看出，两种情况下电机在转矩脉动、平均转矩、功率、磁链、损耗和功率因数方面存在明显差异。增大 k_{air}，会增加磁饱和程度，增大转子磁感应强度，减小定子磁感应强度。磁链与电流的变化曲线，如图 2.12(a)所示。由图可知，k_{air} 的主要影响是磁饱和导致 d 轴磁链减小。随着 k_{air} 的增大(即磁障层较厚)，铁心磁饱和程度加深，在电流值较大时，d 轴磁链减小，约是 q 轴磁链的 3 倍。

如前所述，式(2.2)中的第一项用于计算转矩-速度特性以及转矩曲线，第二项用于计算电机的转矩脉动，也可用麦克斯韦应力张量法进行求解。根据式(2.2)，d 轴磁链和 q 轴磁链直接影响电机转矩，其随 k_{air} 的变化曲线，如图 2.12(a)所示。

两台 k_{air} 不同的同步磁阻电机的转矩与转速、功率与转速变化曲线，如图 2.12(b)所示。最佳电流矢量轨迹通过 MTPA、弱磁(field weakening, FW)和最大转矩电压比(maximum torque-per-voltage, MTPV)控制实现，详见 2.6 节。由图可知，转矩和功率随 k_{air} 的增大而减小，当 k_{air} 从 0.35 增大到 0.65 时，饱和程度加深，导致 MTPA 轨迹发生变化。在额定工况下，当 k_{air}=0.35 时，对应的最佳电流角是 $\alpha_i^e=54°$；当 k_{air}=0.65 时，对应的最佳电流角是 α_i^e=57°。

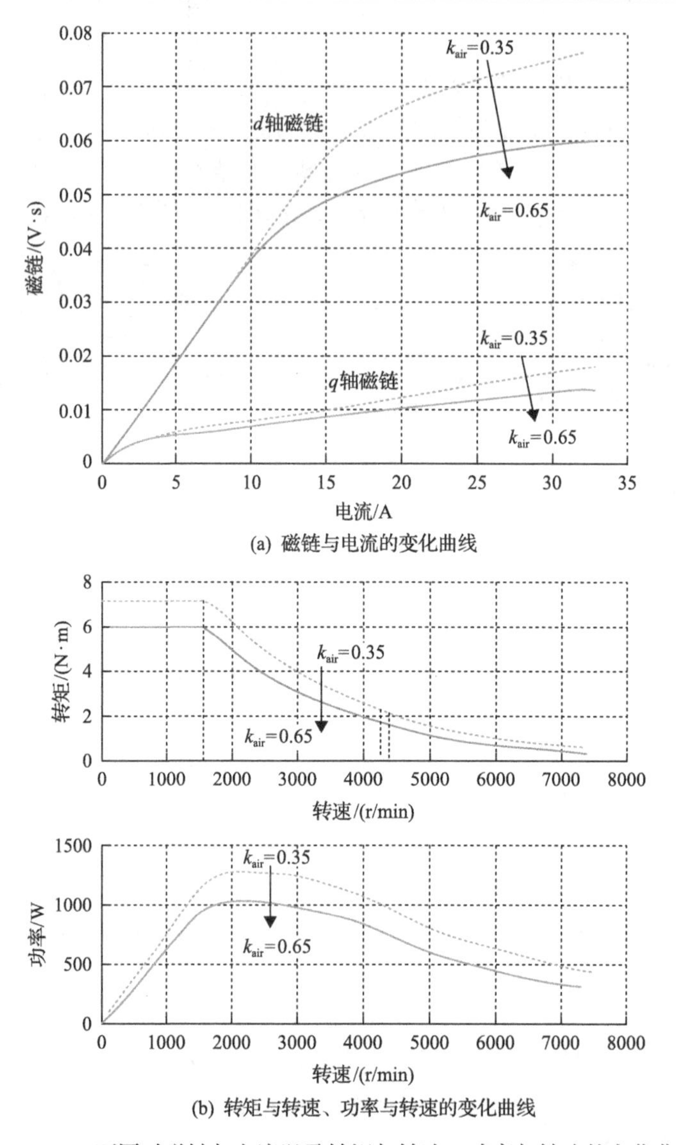

(a) 磁链与电流的变化曲线

(b) 转矩与转速、功率与转速的变化曲线

图 2.12　k_{air}不同时磁链与电流以及转矩与转速、功率与转速的变化曲线

2.4　永磁辅助同步磁阻电机

前面提到，在同步磁阻电机转子磁障层中嵌入永磁体，会带来诸多优点。将永磁体嵌入转子磁障层中的电机转子装配图，见图 2.13。

图 2.13　在同步磁阻电机转子磁障层中嵌入永磁体装配图

在图 2.14 中,部分永磁体磁通使得转子磁桥饱和,有利于降低电感 L_q[5]。此外，沿 q 轴负方向增加的永磁体补偿了负磁链 L_qI_q。在图 2.15 永磁辅助同步磁阻电机矢量图中，永磁磁链的作用是使磁链矢量相对于电流矢量反向转过一个角度,相应的电压矢量必然也向电流矢量方向转动,功率因数角减小,电机功率因数提高。

因此，相比于同步磁阻电机，永磁辅助同步磁阻电机在产生额定机械功率相同的情况下，所需的额定电压、额定电流更低。最后，根据式(2.3)，在磁阻转矩的基础上，额外增加励磁转矩，进而增大了电机的电磁转矩。

图 2.16 是转子永磁体对应的气隙磁感应强度分布图及基波波形。可以看出，永磁辅助同步磁阻电机的磁感应强度相当低，为保持同步磁阻电机固有的容错能力，增加的永磁体应尽可能小。此时，反电动势低，短路电流小[6]，相应的制动转矩也低[7],特别是当采用铁氧体永磁体时,永磁体的磁通更低。

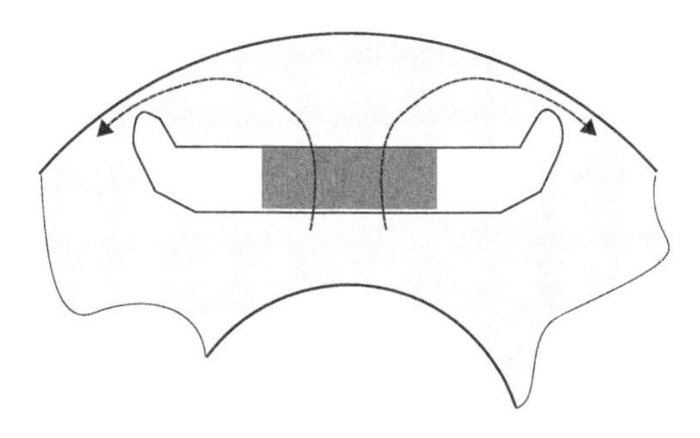

图 2.14　部分永磁体磁通流经转子磁桥示意图

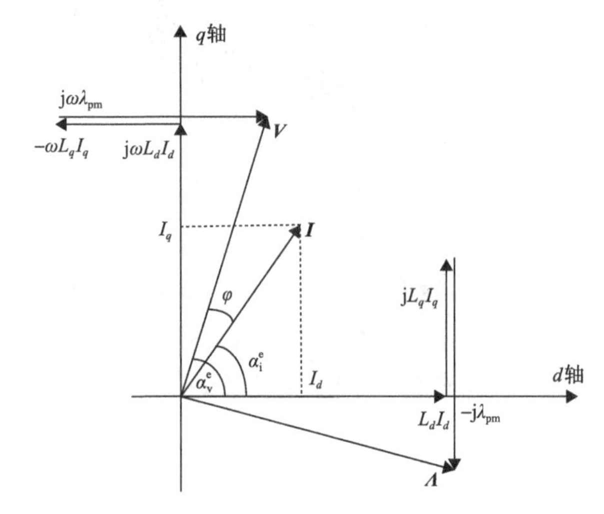

图 2.15　永磁辅助同步磁阻电机矢量图

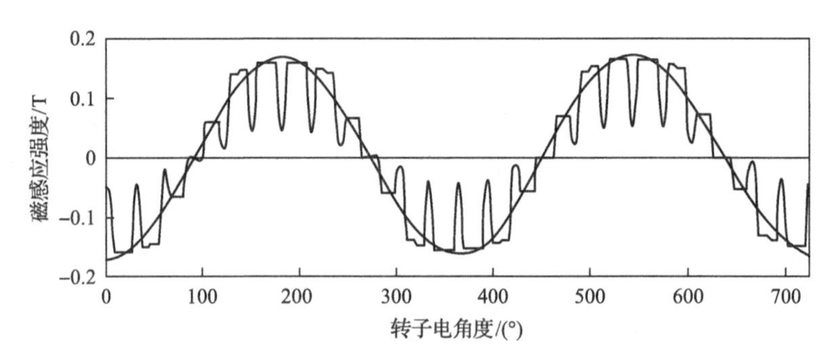

图 2.16　气隙磁感应强度分布图(含基波)

2.4.1　同步磁阻电机与永磁辅助同步磁阻电机性能对比

同步磁阻电机和永磁辅助同步磁阻电机的转矩、功率特性对比，如图 2.17(a)所示。图中分别给出当电机电流矢量按 MTPA、弱磁(FW) Ⅰ区(恒流、恒压)以及弱磁Ⅱ区(降流、恒压)(也称最大转矩电压比控制)运行时对应的特性曲线。垂直虚线分隔开弱磁Ⅰ和弱磁Ⅱ运行区[8,9]。值得注意的是，永磁辅助同步磁阻电机在调速范围内无法达到弱磁Ⅱ区。

加入永磁体，电机的基本转矩可以增加约 25%。当采用弱磁控制时，功率可增加到 1500W，并保持恒定功率，直至达到最高转速。当按特征电流 I_{ch} 近似等于额定电流的原则选择永磁体时，对应的稳态短路电流也是特征电流，其数值大小为 $I_{ch}=\lambda_{pm}/L_q$[10]。最佳弱磁设计曲线已在第 1 章中给出。

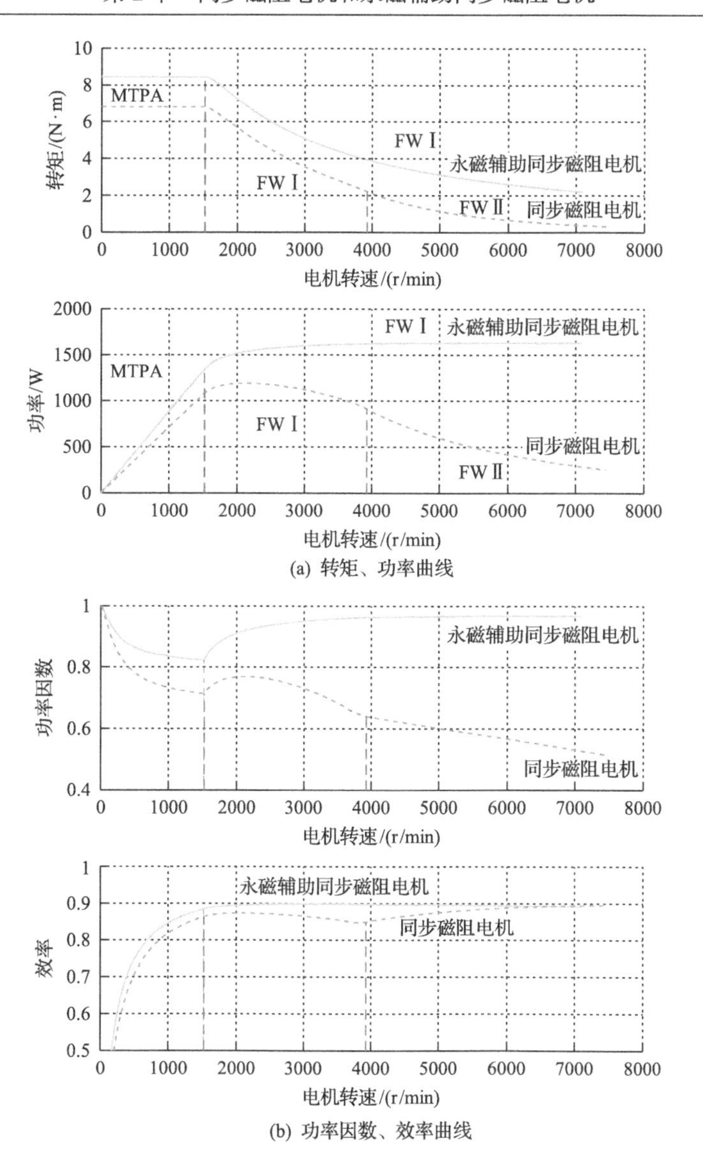

图 2.17　同步磁阻电机和永磁辅助同步磁阻电机对应的转矩、功率、功率因数和效率曲线

图中永磁辅助同步磁阻电机中的 $I_{ch} \approx 0.75 I_N$

图 2.17(b)说明电机增加永磁体带来的另一个好处，即在整个速度范围内提高了电机功率因数。永磁辅助同步磁阻电机的功率因数始终维持在 0.8 以上，高于普通同步磁阻电机。随着转速的升高，嵌入永磁体对于功率因数的提高更加有利。这意味着在相同的基本转矩下，永磁辅助同步磁阻电机的逆

变器体积可以更小。最后，永磁辅助同步磁阻电机的效率也高于普通同步磁阻电机，如图 2.17(b)所示。

2.4.2 最佳永磁磁链

根据额定电流和磁链，可以找到永磁辅助同步磁阻电机输出最大转矩对应的最佳永磁磁链。电机允许流过的电流，受电机、逆变器容量的限制，也反映了电机的最大带载能力。电机允许的磁链，受低速时磁负荷的限制。磁负荷和电流幅值共同决定了电机低速下的最大转矩输出能力。低速转矩正比于磁链幅值、电流幅值以及两者之间夹角的正弦函数，这相当于转矩正比于磁负荷、电负荷和两者之间夹角的正弦函数。

最佳磁链应为

$$\lambda_{\mathrm{pm}} = \frac{\lambda_{\mathrm{N}}}{\sqrt{\left(\frac{L_d I_{\mathrm{N}}}{\lambda_{\mathrm{N}}}\right)^2 + 1}} \left[\frac{1}{\xi}\left(\frac{L_d I_{\mathrm{N}}}{\lambda_{\mathrm{N}}}\right)^2 + 1\right] \tag{2.9}$$

对应的给定电流为

$$I_d = I_{\mathrm{N}} \frac{1}{\sqrt{\left(\frac{L_d I_{\mathrm{N}}}{\lambda_{\mathrm{N}}}\right)^2 + 1}}, \quad I_q = I_{\mathrm{N}} \frac{\frac{L_d I_{\mathrm{N}}}{\lambda_{\mathrm{N}}}}{\sqrt{\left(\frac{L_d I_{\mathrm{N}}}{\lambda_{\mathrm{N}}}\right)^2 + 1}} \tag{2.10}$$

值得注意的是，式(2.10)中 d 轴、q 轴电流采用最大功率因数控制方式，而式(2.9)所要求的永磁磁链值相当高。图 2.18 为三个不同 d 轴电感下，最佳永磁磁链(p.u.，标幺值)与凸极比 ξ 的关系曲线。需要注意的是，即使具有高凸极比和较大 d 轴电感的电机，也需要很大的永磁磁链。

一般来说，最常用的控制方法是 MTPA 控制，而不是最大功率因数电流控制，即使它可以获得更高的功率。因此，在分析中必须考虑沿 MTPA 轨迹运行的约束。当然，应该进一步约束 d 轴、q 轴电流的位置，其电流角应满足以下关系：

$$\sin\alpha_{\mathrm{i}}^{\mathrm{e}} = \frac{\sqrt{\lambda_{\mathrm{pm}}^2 + 8(L_d - L_q)^2 I_{\mathrm{N}}^2} - \lambda_{\mathrm{pm}}}{4(L_d - L_q) I_{\mathrm{N}}} \tag{2.11}$$

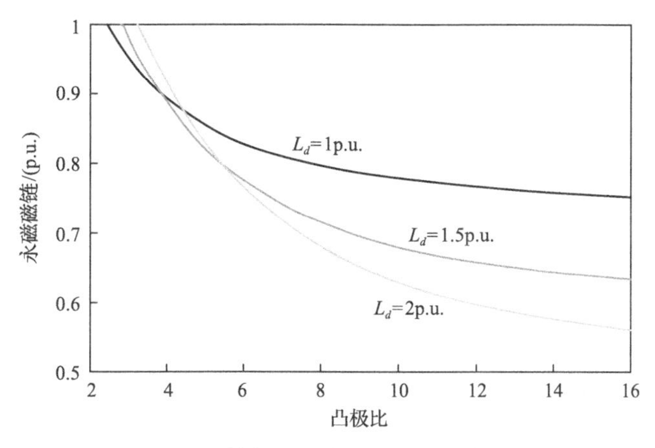

图 2.18　最佳永磁磁链与凸极比的关系曲线

因此，若额定磁链 λ_N 为定值(例如标幺值为 1)，则凸极比 ξ 和永磁磁链 λ_{pm} 作为变量，调整 d 轴电感 L_d 和 q 轴电感 L_q，使 $L_q = L_d/\xi$，以满足单位额定磁链的约束。

表 2.1 给出不同永磁磁链对电机性能的影响，这里取凸极比 ξ=10，第一列为设定永磁磁链大小。注意，当 $\lambda_{pm} = L_q I_q$ 时，表征永磁磁链完全抵消由电流产生的 q 轴磁链；当 $\lambda_{pm} = L_q I_N$ 时，表征短路情况下额定电流对应的永磁磁链。根据式(2.11)可计算电流角 α_i^e，调整电感值，并计算电机性能。由于忽略铁心磁饱和，所以电机磁链和转矩的理论计算可能会明显高于真实值，这一计算结果仅用于对比分析。

表 2.1　不同永磁磁链对电机性能的影响(按 MTPA 控制，ξ=10)

设定永磁磁链 λ_{pm}	λ_{pm}/(p.u.)	L_d/(p.u.)	I_d/(p.u.)	I_q/(p.u.)	T_{dq}/(p.u.)
$L_q I_q$	0.095	1.379	0.725	0.688	0.688
$2L_q I_q$	0.180	1.343	0.742	0.671	0.735
$3L_q I_q$	0.256	1.304	0.756	0.655	0.774
$L_q I_N$	0.136	1.362	0.733	0.680	0.711
$2L_q I_N$	0.260	1.301	0.757	0.654	0.776
$3L_q I_N$	0.369	1.230	0.778	0.629	0.828

表 2.1 中永磁磁链远小于图 2.18 中最佳永磁磁链，这就要求合理地选择铁氧体永磁体。然而，值得注意的是，只有当永磁磁链 λ_{pm} 至少是 $3L_qI_N$ 时，功率因数才能高于 0.8。

表 2.2 是利用有限元分析得到的电机转矩及功率因数，此时忽略磁饱和(使用小开口槽代替转子磁桥)，电机凸极比约为 15。表 2.2 中第一行数据来自用作参考的同步磁阻电机，第二行至第十行数据则来自在转子中嵌入永磁体的永磁辅助同步磁阻电机。永磁体特性和永磁体宽度 h_m 的变化，可改变永磁体辅助作用的强弱：通过永磁体产生的等效气隙磁感应强度 $B_{g,eq}$ 进行量化，$B_{g,eq}$ 定义为永磁体剩磁与一个磁极下沿气隙表面的圆弧长度之比，$B_{g,eq}$ 的表达式为

$$B_{g,eq} = \mu_{rec}\mu_0 H_c \frac{2ph_m}{\pi D_i} \tag{2.12}$$

式中，μ_{rec} 为永磁体相对磁导率；H_c 为永磁体矫顽力；D_i 为电机气隙表面周长。

表 2.2　忽略磁饱和电机有限元分析结果对比(定子电流在同一限幅下)

$B_{g,eq}$/T	λ_m/(V·s)	α_i^e/(°)	λ_d/(V·s)	λ_q/(V·s)	λ/(V·s)	T/(N·m)	功率因数
0	0	45	1.109	0.073	1.111	6.6	0.66
0.100	0.15	45	1.109	−0.076	1.112	7.5	0.75
0.201	0.30	45	1.108	−0.226	1.131	8.5	0.83
0.302	0.45	45	1.109	−0.376	1.171	9.5	0.90
0.403	0.60	48	1.050	−0.522	1.173	10.2	0.96
0.604	0.75	52	0.966	−0.667	1.174	10.6	0.98
0.645	0.96	56	0.877	−0.873	1.237	10.9	0.98
0.665	0.99	61	0.761	−0.898	1.177	9.9	0.93
0.685	1.02	68	0.588	−0.923	1.094	8.0	0.81
0.705	1.05	74	0.433	−0.949	1.043	6.1	0.65

注意，即使只有很小的永磁体(如 $B_{g,eq}$=0.1T)，也会使 q 轴磁链反向。下面以图 2.5(a)电机转子几何形状为例，在三个磁障层嵌入铁氧体永磁体。还应注意到，仅当永磁磁链大小在额定(总)磁链 25%～35%范围内时，功率因数才能高于 0.8。

当永磁体等效气隙磁感应强度 $B_{g,eq}$=0.403T 时，达到磁极限，再继续增加永磁体，转矩虽然也会随之增大，但增大的幅度越来越小。当 $B_{g,eq}$=0.645T 时，达到转矩最大值。在 $B_{g,eq}$=0.403～0.645T 范围内，转矩值的变化相对平缓，再继续增加永磁体时，受到磁饱和的限制，电机会偏离最佳工作点。即使电流幅值保持恒定不变，输出的电磁转矩反而开始减小。当然，如果电机以永磁磁链为主，例如永磁磁链达到总磁链的 60%以上时，永磁磁场作用明显，电机更习惯称为永磁同步电机，而不是永磁辅助同步磁阻电机。从实际

的情况看，既然转矩输出的增加趋于平缓，也就不需要过高的永磁磁链。

2.5　预测与实测的对比

电机实验装置如图 2.19 所示，被测电机与拖动电机同轴相连，两台电机转轴之间安装转矩传感器。拖动电机保持恒速运行，工作在制动状态。

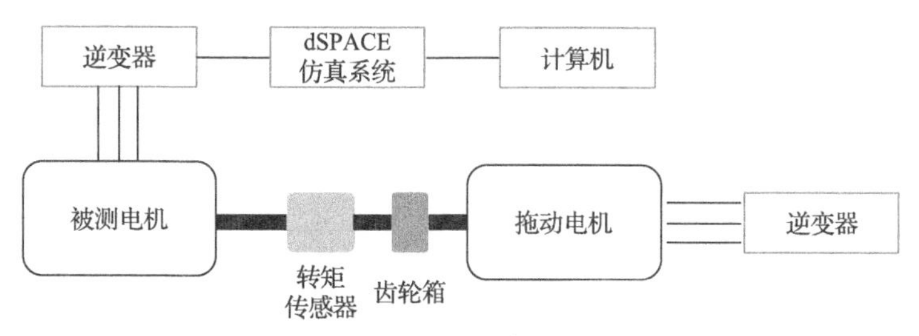

(a) 测试方案

(b) 直驱测试台(无变速箱)

图 2.19　电机实验装置

图 2.19(b)中左侧是被测电机，右侧是拖动电机，两台电机之间装有转矩传感器。输入电功率 P_{in} 直接通过功率计测量，电机的轴上输出机械功率 P_{out} 通过测量转矩和转速的乘积计算得出。

为测试各种运行条件下的电机平均转矩和转矩脉动，低速测试时需要在测试系统中增加高传动比的齿轮箱。为了避免拖动电机的转矩脉动反向传递到转矩传感器上，齿轮箱选择单向不可逆的旋转齿轮箱。此外，为提高测量精度，需在测试过程中多次测量转矩，然后求平均值以降低测量噪声。

低速运行测试，可确定 MTPA 控制的电流轨迹。高速运行测试，可测试包括效率、弱磁能力在内的电机稳态性能。图 2.20(a)为电机在通入不同幅值

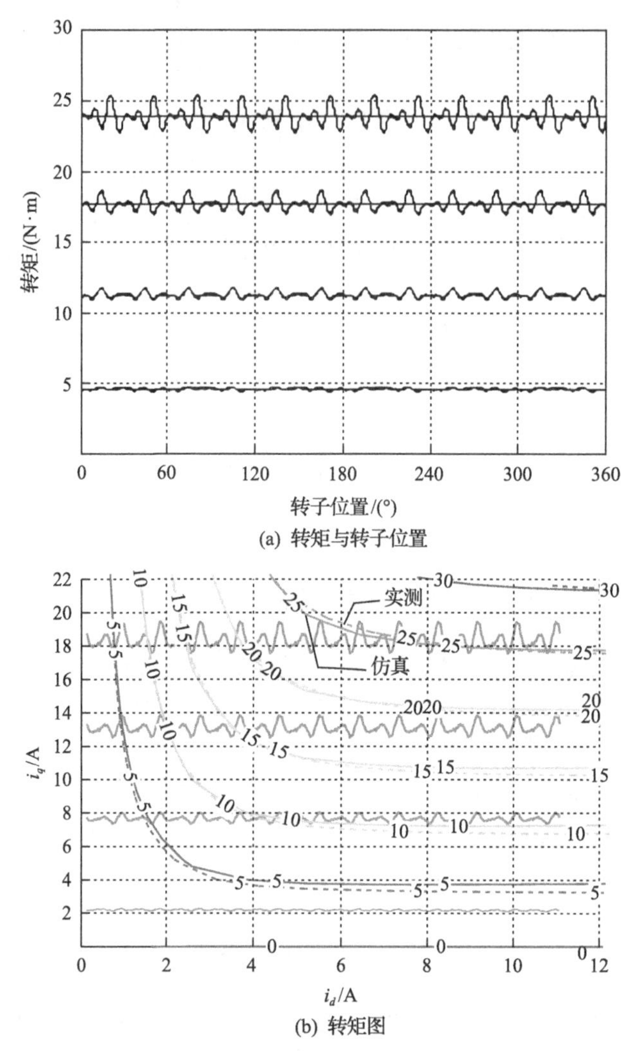

(a) 转矩与转子位置

(b) 转矩图

图 2.20　同步磁阻电机的实测结果(虚线)与有限元仿真结果(实线)的对比(单位：N · m)

电流时转矩与转子位置的关系，从这些测试曲线中可以看出平均转矩和转矩脉动幅值。

图 2.20(b)为 i_d-i_q 坐标系下分别使用有限元分析法得到的仿真转矩与实测转矩的对比。由图可知，在很宽的工作范围内，即使在过载和铁心磁路高度饱和时，仿真值和实测值都有非常好的一致性，第 4 章和第 5 章将对平均转矩和转矩脉动进行进一步的测试。

表 2.3 和表 2.4 分别为同步磁阻电机与永磁辅助同步磁阻电机稳态运行数

据。此时，电机运行在非常低的转速下以减小电机铁损，从而更好地研究电机磁特性。负载转矩从 2N·m 到 12N·m，每隔 2N·m 递增一次，d 轴、q 轴电流按 MTPA 控制。表中还列出了对应的功率因数以及效率。

表 2.3　同步磁阻电机稳态运行数据

n/(r/min)	T/(N·m)	I/A	I_d/A	I_q/A	功率因数	η/%
250	2	2.26	2.04	2.48	0.64	52
	4	3.35	2.86	3.84	0.72	58
	6	4.4	3.33	5.31	0.78	58
	8	5.39	3.77	6.73	0.81	57
	10	6.42	4.24	8.12	0.83	54
	12	7.43	4.64	9.59	0.85	52
500	2	2.25	2.04	2.48	0.70	61
	4	3.34	2.86	3.84	0.75	69
	6	4.38	3.33	5.31	0.79	71
	8	5.38	3.77	6.73	0.82	70
	10	6.38	4.24	8.12	0.83	69
	12	7.44	4.64	9.59	0.84	67

表 2.4　永磁辅助同步磁阻电机稳态运行数据

n/(r/min)	T/(N·m)	I/A	I_d/A	I_q/A	功率因数	η/%
250	2	2.00	2.10	1.91	0.71	68
	4	3.07	2.98	3.15	0.78	66
	6	4.06	3.46	4.59	0.84	64
	8	5.03	3.94	5.92	0.87	62
	10	6.03	4.50	7.24	0.88	59
	12	6.99	4.84	8.62	0.90	57
500	2	2.00	2.10	1.91	0.77	79
	4	3.07	2.98	3.15	0.81	77
	6	4.06	3.46	4.59	0.86	77
	8	5.03	3.94	5.92	0.87	75
	10	6.03	4.50	7.24	0.88	73
	12	6.99	4.84	8.62	0.89	71

即使在转子中嵌入低磁能积的永磁体(如铁氧体)，在同一输出功率下，永磁体的嵌入可以减小定子电流幅值，提高电机效率 η。当然，当电机低速运行时，效率相对较低。总之，在电机中嵌入永磁体，可以在输出相同转矩

时降低电机损耗。

当电机由逆变电源供电时，电压波形不是正弦波，因而功率计测得的是均方根电压，并不能直接得到基波电压有效值，通常在逆变器的电压输出端与功率计之间增加滤波环节，以提高测量的准确性。表 2.3 和表 2.4 给出的功率因数都是电压经过滤波后的测量结果，因此测量值是实际电机运行时功率因数的近似值(基于正弦波形)。即便如此，也可看出，永磁辅助同步磁阻电机的功率因数高于同步磁阻电机。如果仅比较基波分量，功率因数还会更高。

2.6　矢 量 控 制

同步磁阻电机和内嵌式永磁同步电机的矢量控制通常使用极限图来描述：在以 d 轴、q 轴电流为坐标轴的平面坐标系内，绘制恒转矩曲线、电压极限曲线和电流极限曲线[9,10]。在该坐标系中，电流极限曲线是以坐标原点为中心的圆，电压极限曲线是以点$(0, \lambda_{pm}/L_q)$为中心、长轴与短轴之比等于凸极比ξ的一簇椭圆，恒转矩曲线是一簇双曲线。图 2.21 给出了相应的电压电流极限曲线。

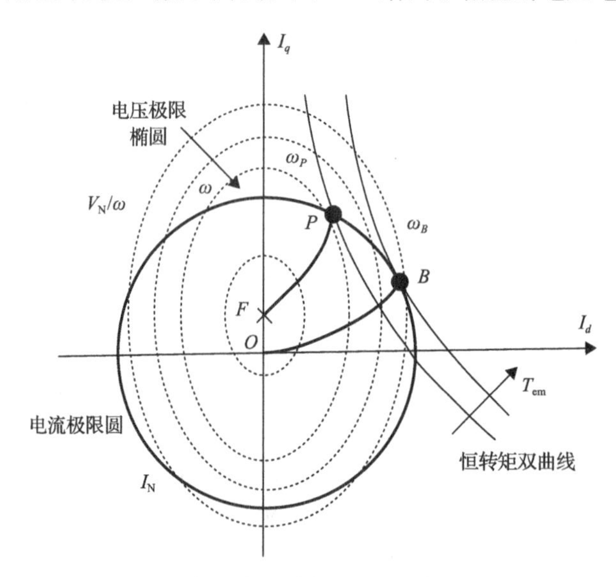

图 2.21　永磁辅助同步磁阻电机控制矢量图

2.6.1　最大转矩电流比控制

MTPA 控制是指以最小电流幅值获得最大电磁转矩的控制方式，对应轨迹称为 MTPA 轨迹，即图 2.21 中点 *O-B* 的路径。

当忽略铁心磁饱和时，同步磁阻电机的 MTPA 轨迹是电流角 α_i^e=45°对应的直线。在考虑铁心磁饱和的情况下(沿 *d* 轴方向)，电流角 α_i^e 逐渐增大。对于永磁辅助同步磁阻电机，MTPA 轨迹对应式(2.11)的电流角 α_i^e[8]。

2.6.2　弱磁控制

电机运行在基速(对应图 2.21 中的 *B* 点[8])以上时通常采用弱磁控制方式。随着电流角 α_i^e 增加，*d* 轴电流降低，电机主磁通减少。若电流幅值保持恒定，则电流角沿着图 2.21 中的电流极限圆 I_N，从 *B* 点移动到 *P* 点。当达到 MTPV 轨迹，即图中 *P* 点时，在更高速度下，电流角将沿着 *PF* 轨迹向电压极限椭圆的中心移动。采用同步磁阻电机(在原点处速度到达极限)和永磁磁链 $\lambda_{pm} < L_qI_N$ 的永磁辅助同步磁阻电机会出现这种情况。

当永磁磁链较高，即 $\lambda_{pm} > L_qI_N$ 时，电压极限椭圆的中心在电流极限圆之外，因此不存在工作点 *P*。恒电压-电流区在电流极限圆与 I_q 轴相交的工作点处结束，对应转矩下降到零。最高转速在电流 $I_d = 0$ 和 $I_q = I_N$ 时计算得到，并有

$$\omega_{max} = \frac{V_N}{L_q I_N - \lambda_{pm}} \tag{2.13}$$

第 4 章将通过实例说明该控制方法，并给出具体的控制框图。

2.7　基于高频电压注入的无传感器技术

对于同步磁阻电机和内嵌式永磁同步电机，可以通过注入高频电压，利用转子凸极性实现无传感器技术。通常在供电电源电压上叠加高频电压信号(振幅 V_{dh}、频率 ω_h)以检测在低转速和静止时的电机转子位置[11-13]。

为了分析运行点附近的磁链和电流振荡的微小变化，建立小信号线性化模型，其中 $L_{dh} = \partial\lambda_d / \partial i_d$ 和 $L_{qh} = \partial\lambda_q / \partial i_q$，分别是 *d* 轴和 *q* 轴微分电感，$L_{dq} = \partial\lambda_d / \partial i_q = \partial\lambda_q / \partial i_d$ 是交叉耦合微分电感，对应 *d* 轴与 *q* 轴绕组之间的微分互感。

因此，根据小信号磁链 $\delta\lambda_d$ 和 $\delta\lambda_q$，可计算得出小信号电流：

$$\begin{cases} \delta i_{d\text{h}} = \dfrac{L_{q\text{h}}\delta\lambda_{d\text{h}} + L_{dq}\delta\lambda_{q\text{h}}}{L_{d\text{h}}L_{q\text{h}} - L_{dq}^2} \\ \delta i_{q\text{h}} = \dfrac{L_{d\text{h}}\delta\lambda_{q\text{h}} - L_{dq}\delta\lambda_{d\text{h}}}{L_{d\text{h}}L_{q\text{h}} - L_{dq}^2} \end{cases} \tag{2.14}$$

随后，将预设的旋转高频 d 轴、q 轴电压信号注入定子绕组中，与之相对应的磁链为

$$\begin{cases} \delta\lambda_{d\text{h}} = \dfrac{V_\text{h}}{\omega_\text{h}}\cos(\omega_\text{h}t) \\ \delta\lambda_{q\text{h}} = \dfrac{V_\text{h}}{\omega_\text{h}}\sin(\omega_\text{h}t) \end{cases} \tag{2.15}$$

相应的高频电流由式(2.16)计算得出：

$$\begin{cases} \delta i_{d\text{h}} = \dfrac{V_\text{h}}{\omega_\text{h}} \dfrac{L_{q\text{h}}\cos(\omega_\text{h}t) + L_{dq}\sin(\omega_\text{h}t)}{L_{d\text{h}}L_{q\text{h}} - L_{dq}^2} \\ \delta i_{q\text{h}} = \dfrac{V_\text{h}}{\omega_\text{h}} \dfrac{L_{d\text{h}}\sin(\omega_\text{h}t) - L_{dq}\cos(\omega_\text{h}t)}{L_{d\text{h}}L_{q\text{h}} - L_{dq}^2} \end{cases} \tag{2.16}$$

当电机在某工作点(I_d, I_q)运行时，高频电流轨迹是一个椭圆，如图 2.22 所示。椭圆的长轴 $\Delta I_{\max}$、短轴 $\Delta I_{\min}$ 以及长轴与 d 轴之间的夹角 ε，都取决于

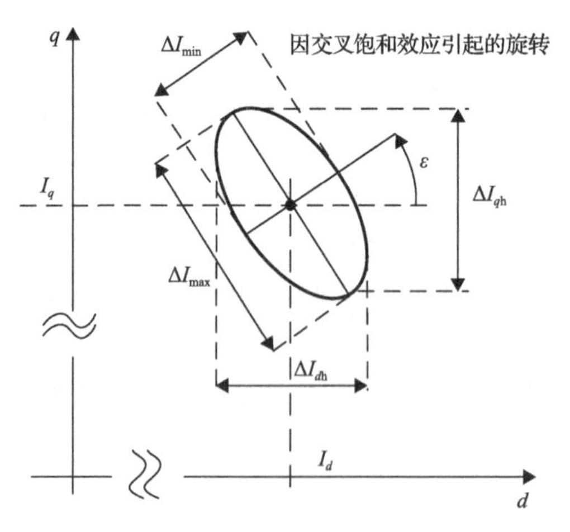

图 2.22　高频电流轨迹

电机在这一工作点(I_d, I_q)的微分电感$L_{d\text{h}}$、$L_{q\text{h}}$和L_{dq}。

检测到的高频凸极性可定义为沿椭圆长轴与沿椭圆短轴的电流振荡幅值之比，即

$$\xi_{\text{h}}=\frac{\Delta I_{\max}}{\Delta I_{\min}}=\frac{L_{\text{avg}}+\sqrt{L_{\text{dif}}^2+L_{dq\text{h}}^2}}{L_{\text{avg}}-\sqrt{L_{\text{dif}}^2+L_{dq\text{h}}^2}} \tag{2.17}$$

式中，$L_{\text{avg}}=(L_{q\text{h}}+L_{d\text{h}})/2$；$L_{\text{dif}}=(L_{q\text{h}}-L_{d\text{h}})/2$。

图 2.22 中椭圆的旋转角度取决于 d 轴、q 轴交叉饱和电感[14]，该角度表示位置估计中的角度误差，计算公式为

$$\varepsilon=\frac{1}{2}\arctan\left(-\frac{L_{dq}}{L_{\text{dif}}}\right) \tag{2.18}$$

2.8　转 矩 脉 动

电负荷的空间谐波与转子各向异性之间的相互作用会产生较大的转矩脉动，这是同步磁阻电机和永磁辅助同步磁阻电机的共同缺点[15]。

Vagati 等指出，在永磁同步电机中采用转子偏斜的方法能使电磁转矩更加平滑[16]，但不能彻底解决这一问题[17,18]。总之，当使用永磁体时，只能采用分段偏斜的方法平滑转矩，即将转子分成两个或多个部分，每个部分相对于其他部分偏斜。图 2.23 显示了在额定电流下，无转子偏斜和有转子偏斜情况下，同步磁阻电机转子机械角位置和测量转矩的关系。由图中可知，转矩脉动从平均转矩的约 17%降至约 9%。在永磁辅助同步磁阻电机中也出现类似的转矩脉动下降的情况。

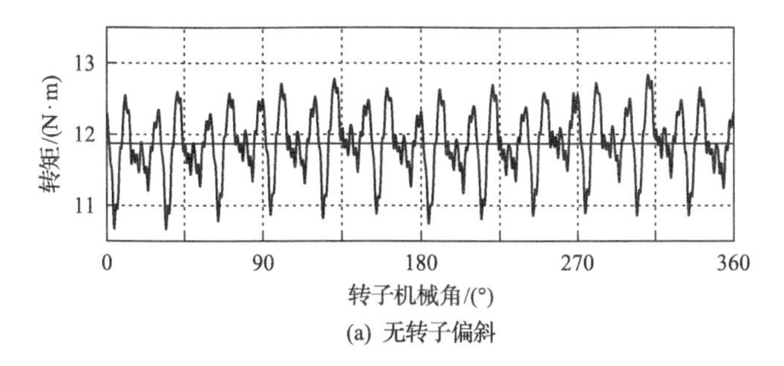

(a) 无转子偏斜

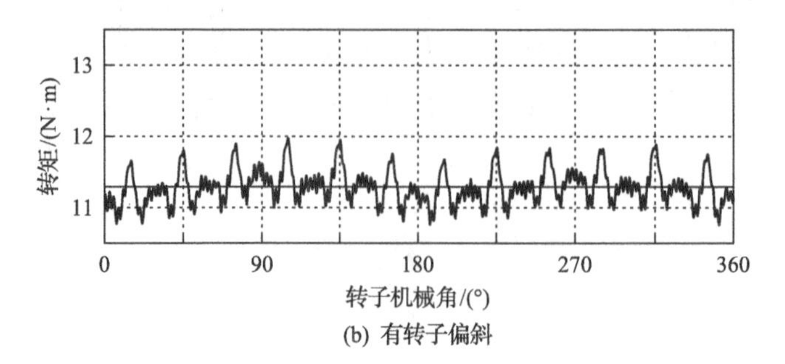

(b) 有转子偏斜

图 2.23　同步磁阻电机转矩测量值与转子机械角位置关系曲线(额定电流下)

文献[16]的研究表明,根据定子槽数适当地选择转子磁障层数可以抑制转矩脉动。此时，磁障层端部沿着气隙均匀分布(类似于定子槽分布)。在第 5 章中将介绍磁障几何形状的优化方法，并进行一些实验测试。

在文献[19]和[20]中，磁障从对称位置开始倾斜以补偿转矩谐波，这类似于文献[21]中提出的降低表贴式永磁同步电机齿槽转矩脉动的技术。

另外,文献[22]中提出的补偿同步磁阻电机转矩谐波策略的设计流程可分为两步：第一步，确定能消除指定转矩谐波次数的每组磁障几何形状；第二步，将各组磁障分别组合，利用磁障几何形状的不同补偿消除其他几何形状对应的转矩谐波。第二步可以通过以下两种方式实现：

(1) 用两种不同类型的叠片堆叠转子铁心，这种电机称为 R-J(Romeo-Juliet) 电机，它由两种不同且不可分离的叠片层压而成。采用两种叠片的组合来抵消转矩脉动中的某些谐波。如图 2.24(a)和(b)所示，设计两种叠片分别为 R 型和 J 型，磁障中部的矩形孔用于嵌入永磁体。

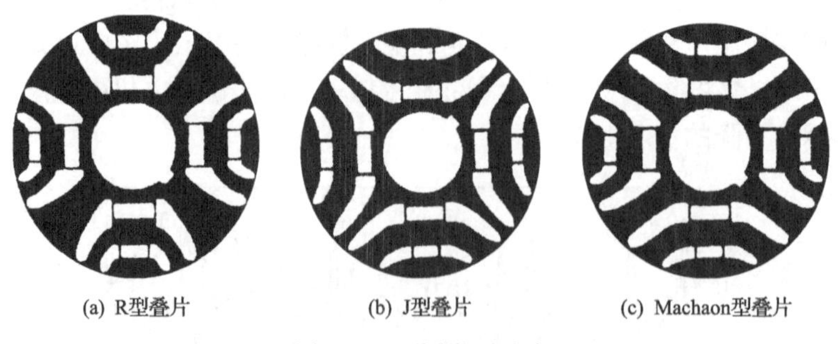
(a) R型叠片　　(b) J型叠片　　(c) Machaon型叠片

图 2.24　不同类型叠片

(2) 同一叠片上制造两种不同的磁障几何形状，因其相邻磁极的磁障大小交替变化，故称为 Machaon 电机(一种蝴蝶的名称，有两个大翅膀和两个小翅膀)。其转子叠片如图 2.24(c)所示。

在同一叠片上有两种不同的磁障几何形状，每对极磁障中心轴线位置不变，但磁障末端张角不同，磁障中部的矩形孔用于嵌入永磁体，该转子结构称为 Machaon 型转子结构。分别优化每对极下每个磁障层的张角，可以获得比磁障对称分布转子结构更低的转矩脉动。

图 2.25 分别给出了额定电流下对称磁障转子结构的永磁辅助同步磁阻电机、R-J 型转子结构电机和 Machaon 型转子结构电机的实测转矩曲线。由图可知，R-J 型转子结构和 Machaon 型转子结构的电机转矩脉动约为对称磁障永磁辅助同步磁阻电机转矩脉动的 1/3。

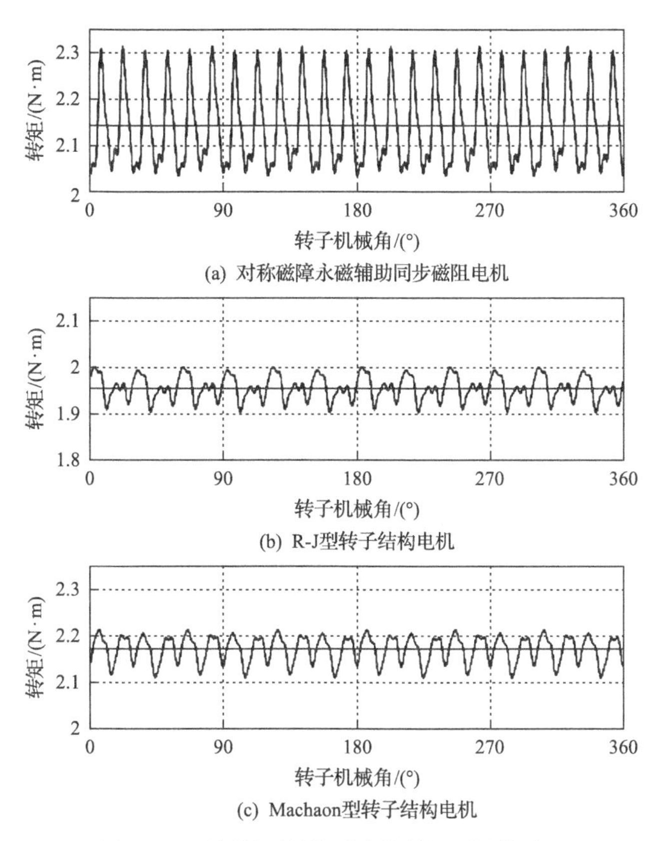

图 2.25　不同转子结构对应的转矩测量值对比

2.9　代替稀土永磁体

由于过去几年稀土材料的价格大幅波动，电机生产商开始重新考虑使用廉价的永磁体，如铁氧体永磁体或 MQ2 永磁体(高温热压制的各向同性块状永磁体)等。文献[23]将铁氧体永磁辅助同步磁阻电机与稀土表贴式永磁同步电机进行了比较。结果表明，为获得相同的输出转矩，铁氧体永磁辅助同步磁阻电机铁心长度变长，电机转矩密度降低约 15%。表 2.5 对四台具有相同转矩的电机的重量和材料成本进行对比，从表中可以看出，铁氧体永磁辅助同步磁阻电机的铁心长度的增加，可更充分地利用磁阻转矩，使电机在相同输出性能下具有更好的经济性。虽然铁氧体永磁辅助同步磁阻电机中永磁体的体积几乎翻倍，但仍然是表贴式永磁同步电机的有力竞争对手。此外，采用铁氧体永磁体可避免因钕铁硼永磁材料的特殊价格变化带来的不确定性。第 3 章将对稀土永磁和铁氧体永磁辅助同步磁阻电机做进一步比较。

表 2.5　相同转矩输出的表贴式永磁同步电机和铁氧体永磁辅助同步磁阻电机的对比

永磁体类型	钕铁硼	铁氧体			单位
槽数 Q	27	27	27	24	—
极数 $2p$	6	6	4	4	—
铁心长度 L_{stk}	100	123	113	108	mm
平均转矩 T_{avg}	17.3	17.3	17.3	17.3	N·m
总重量	18.3	22.1	20.3	20.5	kg
总成本	67.7	46.4	45.6	48.4	美元

在成本对比中，原料价格为：钕铁硼永磁体 70 美元/kg，铁氧体永磁体 7 美元/kg，铜 8.5 美元/kg，铁心叠压硅钢片 1.1 美元/kg。

2.10　分数槽绕组分布

定子绕组通常采用分数槽非重叠绕组，以缩短端部绕组长度，从而显著减少铜绕组成本乃至电机总成本[24,25]。图 2.26 为一个 12 槽 10 极分数槽内嵌式永磁同步电机样机，其定子采用集中绕组，转子叠片为每极两层磁障结构。

在分数槽绕组电机中，无论是每极两层磁障还是每极三层磁障，其磁阻转矩部分都相对较小，主要转矩由永磁体磁通产生，因此通常把这种电机称为内嵌式永磁同步电机。

(a) 电机内部结构图

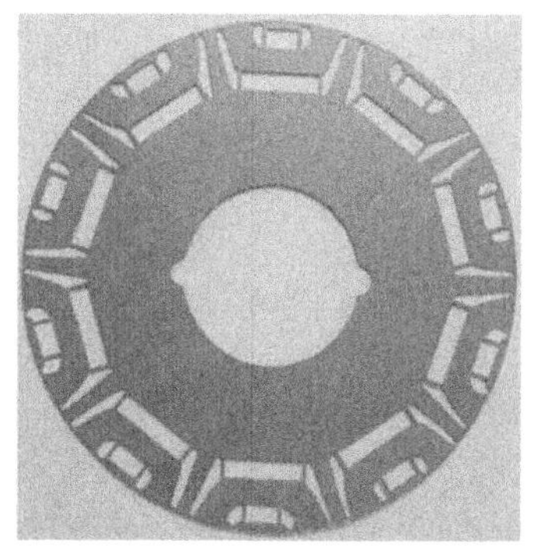

(b) 转子叠片图

图 2.26　12 槽 10 极分数槽内嵌式永磁同步电机样机

此外，分数槽绕组可以增强电机的容错能力。例如，分数槽非重叠绕组在相与相之间的物理分离，使得电机适合于容错运行[26]。另一个解决方案是如图 2.27 所示的双三相分数槽内嵌式永磁同步电机[27]。其特征在于，有两个相同的绕组分别由独立的逆变器供电，如果电机部分或其中一个逆变器发生故障，则关闭对应的逆变器，只有正常绕组继续工作，此时输出功率降低为电机额定功率的 1/2。

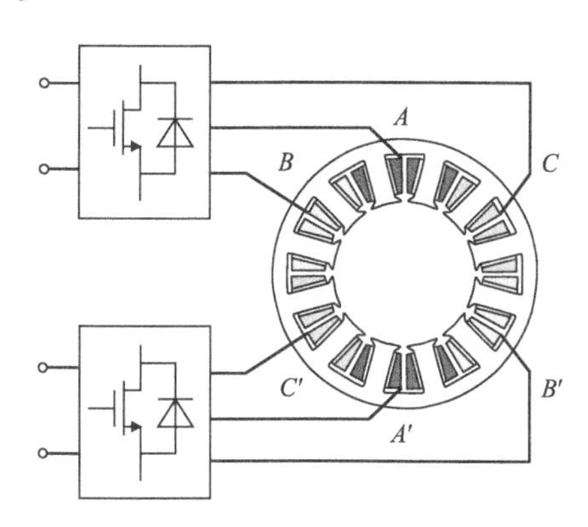

图 2.27　双三相分数槽内嵌式永磁同步电机

然而，对于分数槽电机各向异性转子结构，仍较难获得平滑的转矩[28-31]。文献[32]提出了用于减少同步磁阻电机和分数槽绕组内嵌式永磁同步电机转矩脉动的两步优化法。优化过程的第一步是采用多层结构优化绕组，降低磁势的谐波含量。这种结构可减小绕组因数，从而降低磁势谐波的幅值。例如，将绕组从单层绕组改为双层绕组时，次谐波的绕组因数减小到 1/4。双层绕组结构如图 2.28(a) 所示。

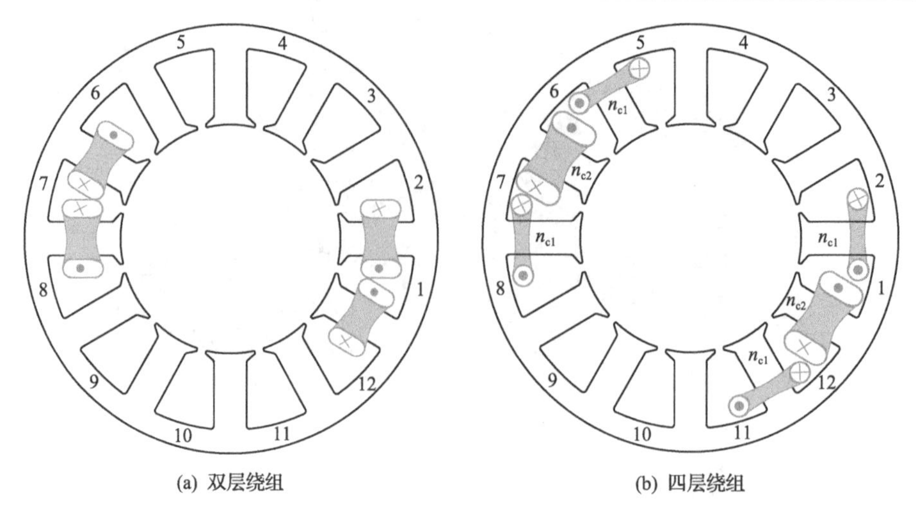

(a) 双层绕组　　(b) 四层绕组

图 2.28　12 槽 10 极绕组的分布示意图(仅绘制一相绕组)

如图 2.28(b)所示，采用四层绕组可以进一步降低磁势的谐波含量。随后再优化绕组线圈中的导体个数，消除指定阶次的谐波，如图 2.28(b)中的导体个数分别为 n_{c1} 和 n_{c2}。可以证明，选择 $n_{c2}/n_{c1}=\sqrt{3}$ 时可以消除 ν=1 阶次谐波[33,34]。

然而，绕组分布不是对所有谐波都有影响的，还存在一些即使改变绕组分布也不能减小的谐波，其绕组因数与主谐波的绕组因数相等(即谐波阶次 $\nu=p$)，这就是槽谐波，谐波阶次可表示为

$$\nu_{sh}=kQ\pm p \tag{2.19}$$

式中，k 是整数；Q 是槽数；p 是电机极对数。例如，在 12 槽 10 极电机中，当 k=1 时，阶次 ν_{sh} 为 7 和 17；当 k=2 时，阶次 ν_{sh} 为 19 和 29。

优化过程的第二步是对转子几何形状进行深入分析，必须选择最佳磁障角，这是由于磁障角是影响转矩脉动的主要因素[16,20,22]。特别地，必须对转子几何形状进行优化，减少与槽谐波相关的转矩脉动。

图 2.29 显示了磁障角 θ_{b1} 和 θ_{b2} 位置不同导致的转矩谐波幅值和相位的变化。可以选择幅值相同、相位相反的转矩谐波磁障角(θ_{b1}–θ_{b2})的组合设计转子结构，形成每对极的两个转子磁极是不同的，导致转子结构不对称(如前面 Machaon 型转子结构)。

为了评估这些电机的最佳性能，分别计算按四种运行轨迹控制时平均转矩和转矩脉动的大小：MTPA 轨迹、最小转矩脉动轨迹、恒定电流角 α_i^e=35°

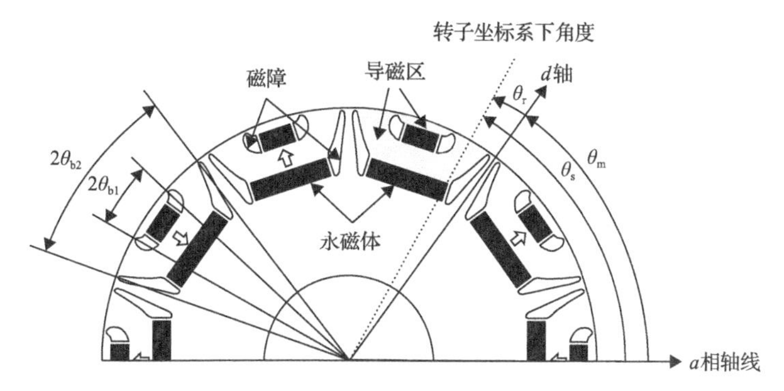

图 2.29　转子几何形状、磁障角和参考角度

轨迹(非常接近 MTPA 轨迹)和恒定电流角 α_i^e=45°轨迹(非常接近最小转矩脉动轨迹)。

图 2.30 为沿不同控制轨迹的转矩脉动曲线，可以看出所有的控制方式转

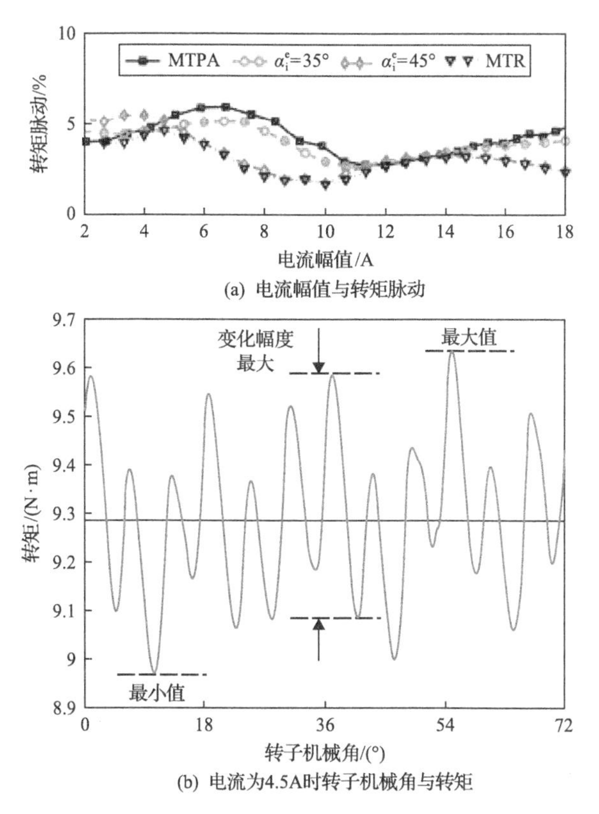

图 2.30　不同控制轨迹的转矩脉动曲线

矩脉动都低于 5%。沿最小转矩脉动轨迹运行的转矩脉动曲线几乎与沿 $\alpha_i^e=45°$轨迹运行的转矩脉动曲线重合，MTPA 轨迹和最小转矩脉动轨迹之间的转矩脉动的差别较小。

2.11 本 章 小 结

本章简要总结了同步磁阻电机和永磁辅助同步磁阻电机的基本工作原理，着重指出这两种电机的优缺点，研究了永磁体对于电机性能的影响。提出了适用于分布式绕组和分数槽绕组电机降低转矩脉动的技术。介绍包括 MTPA 控制和弱磁控制在内的矢量控制技术，以及无转子位置传感器控制的关键概念。

非常感谢西尔维里奥 · 博洛尼尼教授提出的有益建议，以及摩西 · 卡斯蒂洛在电机测试期间的帮助，路易吉 · 阿尔贝蒂博士、马西莫 · 巴尔卡罗博士和埃马努埃尔 · 福尔纳谢罗博士在模拟和测试方面的帮助。感谢米歇尔 · 戴普雷博士（Calpeda 公司）、马西莫 · 特罗瓦（Magnetic 公司）和阿尔贝托 · 佩斯先生（SME 集团）协助组装电机原型。

参 考 文 献

[1] Fratta, A., Vagati, A., Villata, F.: Permanent magnet assisted synchronous reluctance drive for constant-power application: Drive power limit. In: Proceedings of the Intelligent Motion European Conference, PCIM, pp. 196-203. April Nurnberg, Germany (1992)

[2] Kim, W.H., Kim, K.S., Kim, S.J., Kang, D.W., Go, S.C., Chun, Y.D., Lee, J.: Optimal PM design of PMA-SynRM for wide constant-power operation and torque ripple reduction. IEEE Trans. Magn. 45(10), 4660-4663 (2009)

[3] Liwschitz-Garik, M., Whipple, C.C.: Electric Machinery, vol. II, A-C Machines. D. Van Nostrand Company Inc., New York (1960)

[4] Bianchi, N.: Electrical Machine Analysis using Finite Elements. Power Electronics and Applications Series. CRC Press, Taylor & Francis Group, Boca Raton (2005)

[5] Bianchi, N.: Analysis of the IPM motor—Part I, analytical approach. In: Bianchi, N., Jahns T.M. (eds.) Design, Analysis, and Control of Interior PM Synchronous Machines. IEEE IAS Tutorial Course Notes, IAS Annual Meeting, CLEUP, Seattle, October 3, 2005, Chapter 3, pp. 3.1-3.33. info@cleup.it

[6] Bianchi, N., Dai Pré, M., Bolognani, S.: Design of a fault-tolerant IPM motor for electric power steering. In: Proceedings of the IEEE Power Electronics Specialist Conference,

PESC'05, 12-16 June 2005

[7] Welchko, B.A., Jahns, T.M., Soong, W.L., Nagashima, J.M.: IPM synchronous machine drive response to symmetrical and asymmetrical short circuit faults. IEEE Trans. Energy Convers. EC-18 (2003)

[8] Jahns, T.: Flux-weakening regime operation of an interior permanent-magnet synchronous motor drive. IEEE Trans. Ind. Appl. IA-23 (4), 681-689 (1987)

[9] Morimoto, S., Takeda, Y., Hirasa, T., Taniguchi, K.: Expansion of operating limits for permanent magnet motor by current vector control considering inverter capacity. IEEE Trans. Ind. Appl. 26 (5), 866-871 (1990)

[10] Soong, W., Miller, T.: Field-weakening performance of brushless synchronous AC motor drives. IEE Proc. Electr. Power Appl. 141 (6), 331-340 (1994)

[11] Jansen, P.L., Lorenz, R.D.: Transducerless position and velocity estimation in induction and salient AC machines. IEEE Trans. Ind. Appl. 31 (2), 240-247 (1995)

[12] Wang, L., Lorenz, R.D.: Rotor position estimation for permanent magnet synchronous motor using saliency-tracking self-sensing method. In: Conference Record of the 2000 IEEE Industry Applications, vol. 1, pp. 445-450 (2000)

[13] Bianchi, N., Bolognani, S., Jang, J.-H., Sul, S.-K.: Comparison of PM motor structures and sensorless control techniques for zero-speed rotor position detection. IEEE Trans. Power Electron. 22 (6), 2466-2475 (2007)

[14] Guglielmi, P., Pastorelli, M., Vagati, A.: Cross-saturation effects in IPM motors and related impact on sensorless control. IEEE Trans. Ind. Appl. 42 (6), 1516-1522 (2006)

[15] Fratta, A., Troglia, G.P., Vagati, A., Villata, F.: Evaluation of torque ripple in high performance synchronous reluctance machines. In: Records of IEEE Industry Application Society Annual Meeting, vol. I, pp.163-170. October Toronto, Canada, 1993

[16] Vagati, A., Pastorelli, M., Franceschini, G., Petrache, S.C.: Design of low-torque-ripple synchronous reluctance motors. IEEE Trans. Ind. Appl. IA-34 (4), 758-765 (1998)

[17] Jahns, T.M., Soong, W.L.: Pulsating torque minimization techniques for permanent magnet AC motor drives—A review. IEEE Trans. Ind. Electr. IE-43 (2), 321-330 (1996)

[18] Han, S.H., Jahns, T.M., Soong, W.L., Guven, M.K., Illindala, M.S.: Torque ripple reduction in interior permanent magnet synchronous machines using stators with odd number of slots per pole pair. IEEE Trans. Energy Convers. 25 (1), 118-127 (2010)

[19] Bianchi, N., Bolognani, S.: Reducing torque ripple in PM synchronous motors by pole shifting. In: Proceedings of the International Conference on Electrical Machines, ICEM,

Aug. Helsinki (2000)

[20] Sanada, M., Hiramoto, K., Morimoto, S., Takeda, Y.: Torque ripple improvement for synchronous reluctance motor using an asymmetric flux barrier arrangement. IEEE Trans. Ind. Appl. 40(4), 1076-1082 (2004)

[21] Li, T., Slemon, G.: Reduction of cogging torque in permanent magnet motors. IEEE Trans. Mag. 24(6), 2901-2903 (1988)

[22] Bianchi, N., Bolognani, S., Bon, D., Dai Pré, M.: Rotor flux-barrier design for torque ripple reduction in synchronous reluctance and PM-assisted synchronous reluctance motors. IEEE Trans. Ind. Appl. 45(3), 921-928 (2009)

[23] Barcaro, M., Bianchi, N.: Interior PM machines using ferrite to substitute RareEarth surface PM machines. In: Conference Record of the International Conference on Electrical Machines, ICEM, Marsille (F), pp. 1-7, June 2012

[24] EL-Refaie, A.: Fractional-slot concentrated-windings synchronous permanent magnet machines: Opportunities and challenges. IEEE Trans. Industr. Electron. 57(1), 107-121 (2010)

[25] Cros, J., Viarouge, P.: Synthesis of high performance PM motors with concentrated windings. IEEE Trans. Energy Convers. 17(2), 248-253 (2002)

[26] Bianchi, N., Dai Pré, M., Grezzani, G., Bolognani, S.: Design considerations on fractional-slot fault-tolerant synchronous motors. IEEE Trans. Ind. Appl. 42(4), 997-1006 (2006)

[27] Barcaro, M., Bianchi, N., Magnussen, F.: Analysis and tests of a dual three-phase 12-slot 10-pole permanent-magnet motor. IEEE Trans. Ind. Appl. 46(6), 2355-2362 (2010)

[28] Park, J.M., Kim, S.I., Hong, J.P., Lee, J.H.: Rotor design on torque ripple reduction for a synchronous reluctance motor with concentrated winding using response surface methodology. IEEE Trans. Magn. 42(10), 3479-3481 (2006)

[29] Ionel, D.: Interior permanent magnet motor including rotor with unequal poles. US Patent, 8,102,091, Jan. 24, 2102

[30] Magnussen, F., Lendenmann, H.: Parasitic Effects in PM Machines With Concentrated Windings. IEEE Trans. Ind. Appl. 43(5), 1223-1232 (2007)

[31] Barcaro, M., Bianchi, N.: Torque ripple reduction in fractional-slot interior PM machines optimizing the flux-barrier geometries. In: International Conference on Electrical Machines, ICEM, Sept. 2012 (2012)

[32] Alberti, L., Barcaro, M., Bianchi, N.: Design of a low torque ripple fractional-slot interior

permanent magnet motor. In: Conference Record of the 2012 IEEE Energy Conversion Conference and Exposition, ECCE, Raleigh, vol. 1, pp. 1-8（2012）

[33] Cistelecan, M.V., Ferreira, F.J.T.E., Popescu, M.: Three phase tooth-concentrated multiple-layer fractional windings with low space harmonic content. In: 2010 IEEE Energy Conversion Congress and Exposition, ECCE, pp. 1399-1405（2010）

[34] Alberti, L., Bianchi, N.: Theory and design of fractional-slot multilayer windings. In: Energy Conversion Congress and Exposition, ECCE, 2011 IEEE, Sept. 2011, pp. 3112-3119

第3章　永磁同步电机/同步磁阻电机建模与设计

文良・宋

本章首先研究永磁同步电机的基本设计参数，如切向应力、槽宽比、槽深比和磁轭厚度等。其次通过具体案例分析，提出根据性能指标的要求在稀土材料与铁氧体材料之间进行折中选择的方法。最后对同步磁阻电机和永磁同步电机进行对比。

3.1　电机尺寸

电机的转矩输出能力与物理尺寸有关，即输出转矩正比于转子体积与切向应力的乘积，而切向应力又正比于电负荷与磁负荷的乘积。对于已知输出转矩的设计需求，首先确定转子的大致体积，然后确定转子的槽宽比、槽深比、定子槽直径比以及极数等其他设计参数。

虽然转矩是影响电机尺寸的主要因素，但电机转速是重要的决定因素，如最大允许转子直径(受材料机械应力限制)、最大磁极数(高的电角频率会产生更大的铁损)和最小转子机械临界转速。

3.1.1　转子体积和切向应力

永磁同步电机转矩的产生基于电磁力定律，当载流导体位于匀强磁场时，设磁感应强度为B、导体有效长度为L、电流大小为I，则导体所受电磁力F为

$$F = BIL \tag{3.1}$$

如图3.1所示，考虑在匀强磁场B中均匀放置每米n个导体的薄板，每个导体流过的电流为I，线电流密度K可定义为nI，单位为A/m，则导体受到垂直于磁场方向的切向应力σ为

$$\sigma = \frac{F}{A} = BnI = BK \tag{3.2}$$

式中，A 为沿电枢圆周表面的面积。这里，气隙磁感应强度 B 称为磁负荷，线电流密度 K 称为电负荷。

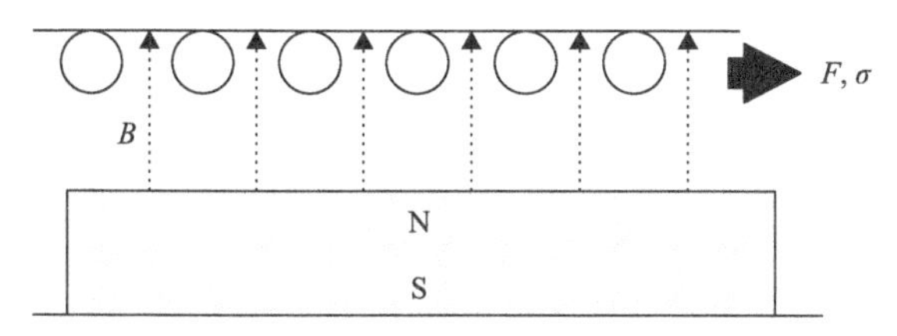

图 3.1　单位长度的载流导体所受电磁力

按正弦规律变化的磁感应强度(峰值为 B)与电负荷(峰值为 K_s)相互作用产生的平均切向应力 σ 为

$$\sigma = \frac{1}{2}BK_s = \frac{\pi}{4}B_{avg}K_s \tag{3.3}$$

式中，B_{avg} 为平均磁感应强度。

设电机转子直径为 D 和铁心长度为 L，则其切向应力 σ 产生的转矩 T_{em} 的大小为

$$T_{em} = F\frac{D}{2} = \sigma A\frac{D}{2} = \sigma\pi DL\frac{D}{2} = \frac{\pi}{2}D^2L\sigma = 2V_r\sigma \tag{3.4}$$

式中，V_r 为电机转子体积。

式(3.2)和式(3.4)表明，电机输出转矩正比于转子体积($\propto D^2L$)和切向应力的乘积，其中切向应力是磁负荷和电负荷的乘积。

磁负荷通常受到电机定子齿饱和程度的限制，因此也受到定子铁心材料的饱和磁感应强度和定子齿宽与齿距的比值的影响[1]。

电负荷受定子槽深度、定子槽满率以及绕组最大允许温升对应的导体电流密度等因素的限制。电负荷可以通过增加转子直径来增加定子槽的深度，使用具有更高定子槽满率的集中绕组和(或)改善定子绕组的冷却等方式进一步改进。与磁负荷相比，电负荷在电机设计时通常具有更宽的变化范围。

五类通用电机切向应力的典型值，如表 3.1 所示。

基于设计要求的转矩和假设的切向应力，可使用式(3.4)估计电机大致的转子体积。

表 3.1　电机切向应力的典型值[2]

应用	切向应力/kPa
全封闭风扇冷却工业电机＜1kW	0.7～2
全封闭风扇冷却工业电机＞1kW	4～15
高性能工业伺服电机	10～20
航空航天电机	20～35
超大液冷电机	70～100

3.1.2　电负荷

电负荷 K_s 是安培匝数峰值与气隙表面长度(m)的比值，通常受定子温升和转子永磁体退磁等因素的限制。

图 3.2 为永磁同步电机内部结构示意图，图中示出了电机横截面和理想气隙磁场分布。

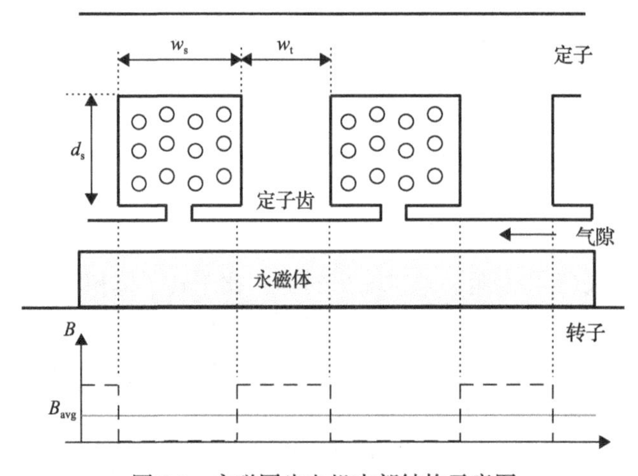

图 3.2　永磁同步电机内部结构示意图

电负荷 K_s 为

$$K_s = k_w d_s J \cdot \mathrm{pf}_{cu} \frac{w_s}{w_s + w_t} \tag{3.5}$$

式中，k_w 为绕组系数；d_s 为槽深；J 为导线电流密度(A/m^2)；pf_{cu} 为槽满率；w_s 为槽宽；w_t 为齿宽。

定子槽宽比 $k_{\text{air,s}}$ 为

$$k_{\text{air,s}} = \frac{w_{\text{s}}}{w_{\text{s}} + w_{\text{t}}} \tag{3.6}$$

因此，电负荷与电流密度、槽深（以及电机直径）、槽满率和槽宽比成正比。

3.1.3 磁负荷

磁负荷 B_{avg} 是指平均气隙磁感应强度，其最大值通常受定子齿磁饱和程度的限制，因此最大磁负荷是槽宽比的函数。假设气隙磁感应强度分布如图 3.2 所示，则最大磁负荷可表示为

$$B_{\text{avg}} = B_{\text{sat}} \frac{w_{\text{t}}}{w_{\text{s}} + w_{\text{t}}} = B_{\text{sat}} \left(1 - k_{\text{air,s}}\right) \tag{3.7}$$

式中，B_{sat} 为定子铁心材料的饱和磁感应强度。因而，磁负荷受限于定子叠片的饱和磁感应强度和槽宽比。

3.1.4 槽宽比

将式(3.5)和式(3.7)代入式(3.3)，可以得到槽宽比对切向应力 σ 的影响：

$$\sigma = \frac{\pi}{4} B_{\text{avg}} K_{\text{s}} = \frac{\pi}{4} B_{\text{sat}} \left(k_{\text{w}} d_{\text{s}} J \cdot \text{pf}_{\text{cu}}\right) k_{\text{air,s}} \left(1 - k_{\text{air,s}}\right) \tag{3.8}$$

由式(3.8)可知，当槽宽比 $k_{\text{air,s}}$=0.5 时，可获得最大切向应力，此时对应槽宽和齿宽相等，并且由式(3.7)可知，平均气隙磁感应强度是饱和磁感应强度的 1/2。

图 3.3 为槽宽比 $k_{\text{air,s}}$ 对磁负荷 B_{avg}（虚线）、电负荷 K_{s}（点划线）和切向应力 σ（实线）的影响。由图可知，无槽电机对应的槽宽比为 0，其磁负荷的最大值为 B_{sat}；无齿电机对应的槽宽比为 1，其电负荷的最大值为 K_{smax}。槽宽比 $k_{\text{air,s}}$ 的最佳值是 0.5，当槽宽比 $k_{\text{air,s}}$ 是 0.25 或 0.75 时，切向应力下降 25%。

上述分析是基于转子永磁体的磁感应强度（剩磁）足够产生所需磁负荷的。对于使用硅钢片的电机，典型饱和（最大工作点）磁感应强度 B_{sat} 为 1.5T。因此，最佳平均气隙磁感应强度应为该数值的 1/2，即 0.75T。使用剩磁 B_{r} 约为 1～1.3T 的稀土永磁体，很容易实现这一点。然而铁氧体永磁体的剩磁 B_{r} 约为 0.4T。假设永磁体对应的 B_{avg} 为 0.3T，则最佳槽宽比 $k_{\text{air,s}}$ =1− 0.3T/1.5T = 0.8，

此时切向应力约减小到最大值的 64%。

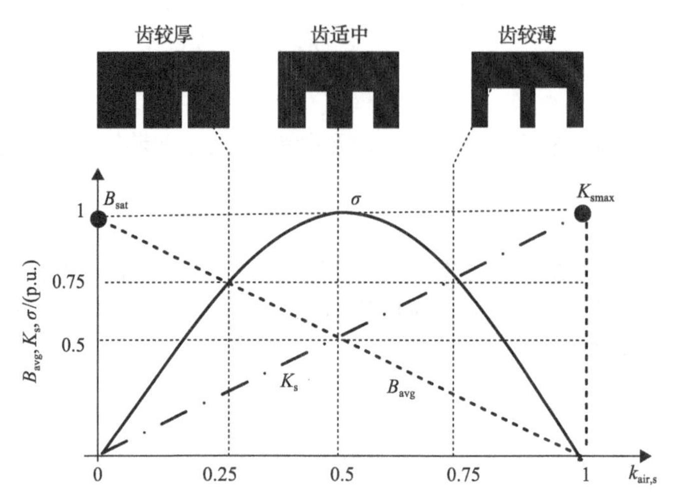

图 3.3　磁负荷、电负荷和切向应力随槽宽比的变化

图 3.4 将磁负荷和电负荷曲线叠放在一个图中。第一幅图中黑色是以 d 轴电负荷 K_{sd} 为纵轴、q 轴电负荷 K_{sq} 为横轴的曲线，这两个坐标轴的最大值都是 K_{smax}。第二幅图中灰色是以磁负荷 B_{avg} 作为纵轴、q 轴电负荷 K_{sq} 为横

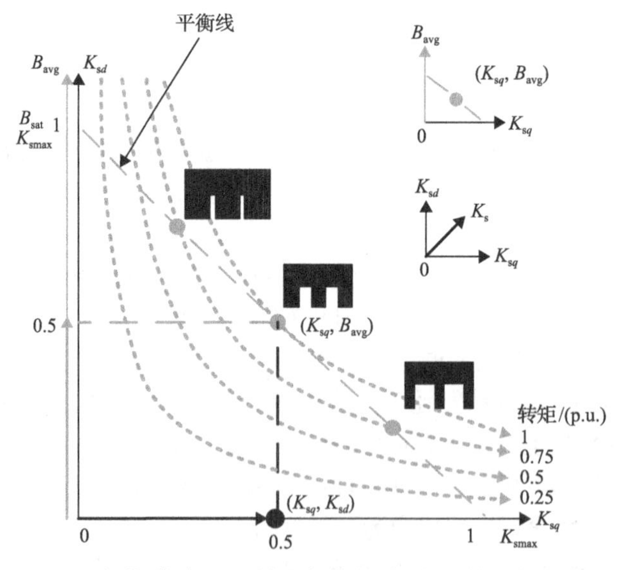

图 3.4　磁负荷(灰色)、d 轴电负荷(黑色)与 q 轴电负荷关系图

轴的曲线。由图可知，改变槽宽比使电机设计参数点在(0, B_{sat})到(K_{smax}, 0)之间的直线(虚线)上移动。同时，图中还给出恒转矩的双曲线轮廓(点线)，最佳工作点对应 K_{sq}=0.5p.u.和 B_{avg}=0.5p.u.。

根据磁负荷和电负荷分析图，将在 3.2 节中比较铁氧体永磁体电机和稀土永磁体电机的性能，在 3.3 节中比较同步磁阻电机和永磁同步电机的性能。

3.1.5　转子直径

一旦估算出转子体积，下一步就可以初选转子直径，转子直径通常是转子铁心长度的 0.5～2 倍。

假设定、转子尺寸按比例增加，那么增大转子直径，就可以增大定子尺寸，从而设计深槽定子结构，产生更高的电负荷和切向应力。以定子外径 D_o 为变量的电机输出转矩约正比于 $D_o^{2.5}L$[1]。增大转子直径，可减小总电磁体积(不包括定子端接部分)。由此带来的好处是，可以缩短转子铁心的长度以及增加转子轴径，可以获得更高的临界转矩。

另外，减小转子直径可降低电机转子惯量，加快动态响应的作用。高速时，转子机械应力较低，端接部分铜损减少，可使用较细直径的轴和轴承。轴承直径对高速电机来说非常重要，直径大的轴承相比于直径小的轴承可以在更高转速下运行，且摩擦损耗更低。

3.1.6　定子槽直径

从式(3.4)可以得出，电机的输出转矩正比于转子体积与切向应力(或电负荷)的乘积。

电机设计时转子径向磁通需在转子体积和定子导体面积(对应于电负荷与切向应力)之间进行折中选择。当定子铁心外径固定不变时，增加转子外径会增大转子体积，减小定子绕组的可用面积。因此，需要确定转子外径的最佳值，以实现转矩输出的最大化。

设定子槽内径与外径之比为槽深比 K_d，如图 3.5 所示。确定最佳槽深比，主要有以下两种情况。

第一种情况：假设定子槽是平行槽，则总电流随定子槽外径和内径之差线性变化，即 $I \propto (1-K_d)$。电负荷 K_s(对应切向应力)可表示为电流除以定子内径，此时，电负荷 $K_s \propto (1-K_d)/K_d$。对于这种情况，转矩可表示为

$$T_{em} \propto \sigma V_r \propto \left[(1-K_d)/K_d\right] \times K_d^2 \propto (1-K_d) \times K_d \tag{3.9}$$

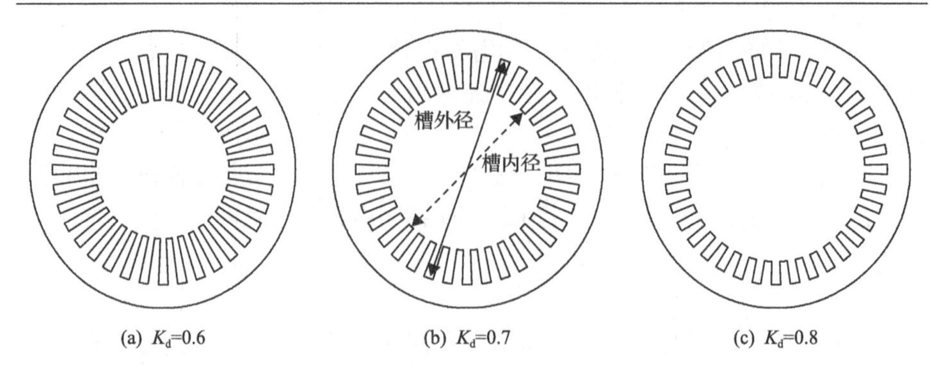

图 3.5　具有不同槽深比的电机横截面示例

输出转矩如图 3.6 中虚线所示，当槽深比 K_d=0.5 时，转矩取得最大值。

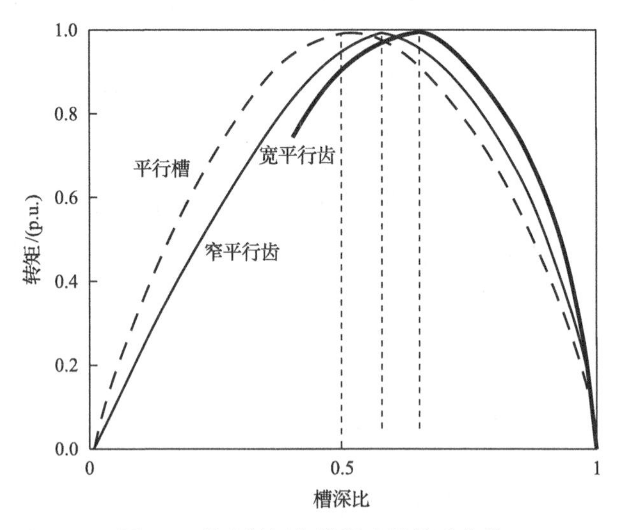

图 3.6　输出转矩与槽深比的关系曲线

第二种情况：假设定子采用平行齿且相对较窄，总电流 I 与定子槽外径和内径之间的面积近似成正比，即 $I \propto \left(1-K_d^2\right)$，此时，电负荷 $K_s \propto \left(1-K_d^2\right)/K_d$，转矩可表示为

$$T_{em} \propto \sigma \times V_r \propto \left[\left(1-K_d^2\right)/K_d\right] \times K_d^2 \propto \left(1-K_d^2\right) \times K_d \tag{3.10}$$

当槽深比 $K_d = 1/\sqrt{3} \approx 0.58$ 时，转矩取得最大值，如图 3.6 中细实线所示。

最后，假设采用宽平行齿，可以看出最佳槽深比为 0.6～0.7。较小的槽深比(如 K_d=0.5)适用于转动惯量小的场合，较大的槽深比(如 K_d=0.8)可用于多极电机中，以减少电磁材料，增大转轴直径。

3.1.7　定子外径和极数

对于由交流电源直接供电的交流电机，同步转速 n_s(r/min) 由供电频率 f_s 和极数 p 决定：

$$n_s = \frac{60 f_s}{p} \tag{3.11}$$

当交流供电频率不变时，电机极对数与预期的同步转速之间存在制约关系。当采用逆变器为电机供电时，由于理论上逆变器可以产生所需频率的交流电，极对数不再受同步转速的约束。增加极数可显著降低定子和转子磁轭厚度 t_y，表示为

$$t_y = \frac{B_{avg}}{B_y} \frac{\pi D}{4p} \tag{3.12}$$

式中，B_y 是磁轭磁感应强度的峰值；D 是转子外径。

图 3.7 给出定子槽内径与外径固定不变时，改变极数对定子外径和转子内径的影响。可知，增加极数可显著减小定转子磁轭厚度。另外，当定子外径固定不变时，增加极数可增大转子体积，在一定程度上使电负荷增大，从而提高转矩输出能力。

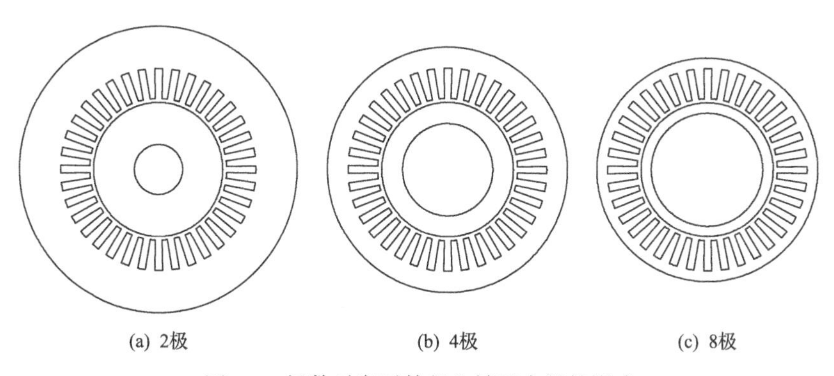

(a) 2极　(b) 4极　(c) 8极

图 3.7　极数对定子外径和转子内径的影响

极数多带来的一个重要问题是定子铁损的增加，对于给定运行的磁感应强度，铁损密度与电角频率的平方近似成正比，因而与极数成正比。对于由此带来的定子铁损的急剧增加，仅有部分铁损被由极数增加而减小的定子铁心体积所抵消[3]。表贴式永磁同步电机的涡流损耗也会产生类似的效果，铁

心涡流损耗随着极数的增加而大幅增加。

增加极数会导致极距缩短，为使得分布式绕组每极每相槽数合理，可能需要更多的槽数，此外极距较小的电机更适合采用集中式绕组结构。

极数增加的最后一个问题是磁阻转矩与绕组电感成正比，而绕组电感又与极数的平方成反比。因此，内嵌式永磁同步电机的磁阻转矩随着极数的增加而迅速下降。

综上所述，内嵌式永磁同步电机大多选择 4 极到 8 极，而表贴式永磁同步电机可以选择更多极数。

3.2 铁氧体与钕铁硼案例研究

本节通过一个案例分析说明设计表贴式永磁同步电机时，如何在稀土永磁体和铁氧体永磁体之间做出性能取舍。

样机为一台 6 极永磁同步电机，定子内径 D_i 为 100mm，铁心长度 L 为 100mm，槽深比为 0.7，定转子间气隙的初始值为 1.5mm，永磁体厚度为 4mm，定子铁心饱和磁感应强度 B_{sat} 为 1.5T。设稀土永磁体磁感应强度 B_r 为 1.1T，铁氧体永磁体磁感应强度 B_r 为 0.4T，槽宽比取最佳值 0.5，槽满率为 30%，电流密度约为 6.7A/mm^2，则计算出稀土永磁体电机的电负荷为 30kA/m，切向应力约为 18kPa，输出转矩约为 28N·m。

图 3.8(a)为稀土永磁同步电机样机(Nd)截面图，定子齿和磁轭处对应的磁感应强度为 1.5T。图 3.8(b)～(e)给出了其他四种电机设计截面图。用铁氧体永磁体代替稀土永磁体的永磁同步电机，具体设计的性能参数见图 3.9，该图中的曲线参照图 3.4 的磁负荷、电负荷曲线。

第一个铁氧体永磁同步电机设计(Fe1)：图 3.8(b)为用铁氧体永磁体代替稀土永磁体的永磁同步电机设计实例，其他电机尺寸均不变。此时，由于选用铁氧体永磁体，定子齿、磁轭中的磁感应强度降至 0.54T，磁负荷降低为图 3.8(a)样机的 36%，电负荷不变，因此转矩也降低为基准样机的 36%。

第二个铁氧体永磁同步电机设计(Fe2)：图 3.8(c)为增加铁氧体永磁体厚度的永磁同步电机设计实例，电机在图 3.8(b)电机的基础上将铁氧体永磁体厚度从 4mm 增加到 8mm，考虑到铁氧体永磁体成本较低，所以加厚永磁体的设计是合理的。相比于第一个铁氧体永磁同步电机，其磁负荷和转矩都从图 3.8(a)样机对应值的 36%增加到 43%。

第三个铁氧体永磁同步电机设计(Fe3)：图 3.8(d)为增加槽宽比的铁氧

体永磁同步电机设计实例，在图 3.8(c)电机的基础上减小定子齿的宽度，直至达到饱和磁感应强度，以增加电负荷，同时保持磁负荷不变。此时，电负荷增加到图 3.8(a)参考样机的 157%，转矩增加到它的 67%。

第四个铁氧体永磁同步电机设计(Fe4)：图 3.8(e)为减小定子磁轭厚度的铁氧体永磁同步电机设计实例。在图 3.8(d)电机的基础上，减小定子磁轭的厚度，直到达到饱和磁感应强度，此时电机输出转矩不变，但是体积减小为基准样机的 83%。因此，最终设计出电机的单位体积转矩为图 3.8(a)样机的 80%。值得注意的是，定子磁轭厚度最小值受诸如机械强度和声学噪声等因素的限制，另外，上述结果取决于电机中的极数。

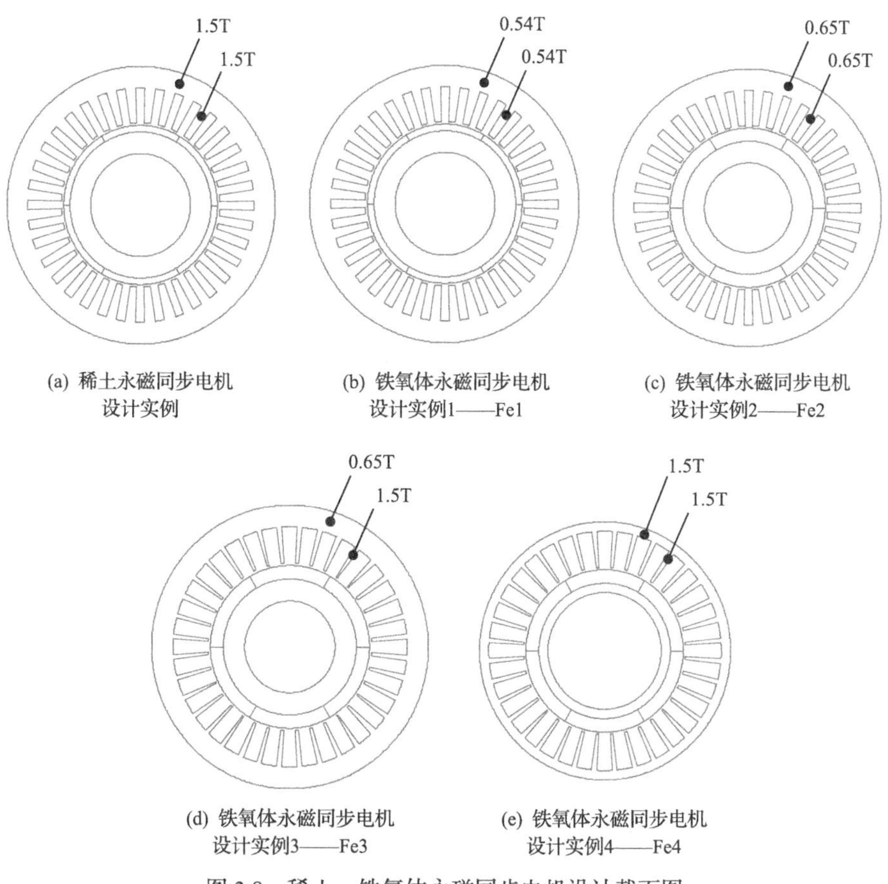

(a) 稀土永磁同步电机设计实例　(b) 铁氧体永磁同步电机设计实例1——Fe1　(c) 铁氧体永磁同步电机设计实例2——Fe2

(d) 铁氧体永磁同步电机设计实例3——Fe3　(e) 铁氧体永磁同步电机设计实例4——Fe4

图 3.8　稀土、铁氧体永磁同步电机设计截面图

图 3.9 为上述每种设计实例的磁负荷(灰色圆圈)和电负荷(黑色圆圈)的对应位置。图 3.8(a)样机设计(Nd)：最佳磁负荷(0.75T)，电负荷为 30kA/m；

第一个铁氧体设计(Fe1)：磁负荷减小；第二个铁氧体设计(Fe2)：由于其较厚的磁体，磁负荷略有增加；第三个铁氧体设计(Fe3)：使用较窄的齿，从而增加电负荷，以获得更高的切向应力；第四个铁氧体设计(Fe4)：减小定子磁轭厚度，不改变切向应力，但提高了电机单位体积的转矩。

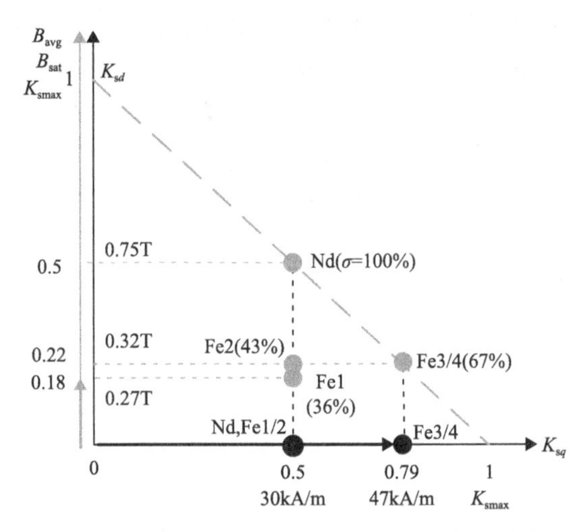

图 3.9 磁负荷、d 轴电负荷与 q 轴电负荷曲线

3.3 同步磁阻电机与永磁同步电机

在本节中，设理想的同步磁阻电机 d 轴磁感应强度和圆柱铁心转子电机的饱和磁场一样，而 q 轴磁感应强度为零，如图 3.10 所示。注意，此时电机凸极比 $\xi = L_d/L_q$，为无穷大。

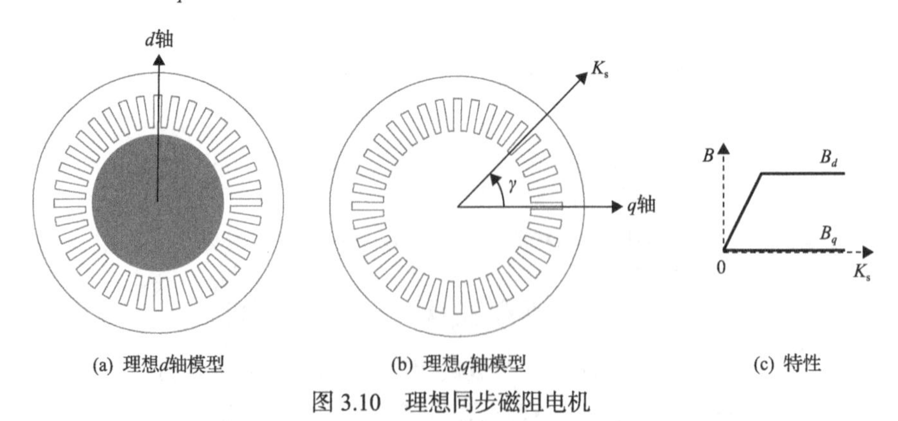

(a) 理想d轴模型 (b) 理想q轴模型 (c) 特性

图 3.10 理想同步磁阻电机

电流角 γ 是电负荷与 q 轴之间的夹角，永磁同步电机最大转矩对应的电流角为 0°，同步磁阻电机最大转矩对应的电流角为 45°。

图 3.11 是磁场不饱和时槽宽比为 0.5 的同步磁阻电机磁负荷/电负荷曲线，图中以永磁同步电机作为基准电机，图中磁负荷曲线为灰色，电负荷曲线为黑色。

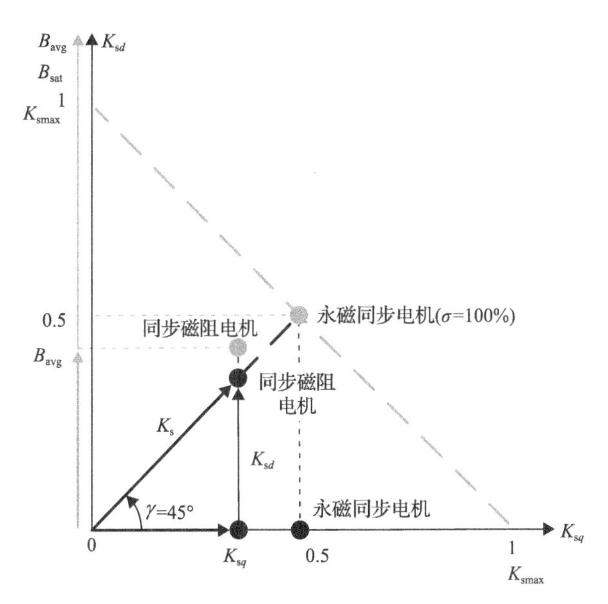

图 3.11　不饱和磁场下同步磁阻电机/永磁同步电机的磁负荷与电负荷曲线

假设永磁体的磁感应强度恰好使定子铁心磁饱和，则当永磁同步电机以 q 轴上的额定电负荷运行时，可产生最大转矩。

当同步磁阻电机的电流角为 45°时，额定电负荷产生最大转矩，此时对应两个电流分量，一个是产生磁负荷的 d 轴分量 K_{sd}，另一个是产生电负荷的 q 轴分量 K_{sq}。因为电流角恒定不变，所以转矩正比于总电负荷的平方。

不饱和同步磁阻电机的切向应力总是小于同功率的永磁同步电机，因为其磁负荷较低(不饱和)，q 轴电负荷仅为永磁同步电机的 71%左右，所以不饱和同步磁阻电机的切向应力必然小于永磁同步电机切向应力的 71%。

图 3.12 为磁场饱和时同步磁阻电机/永磁同步电机的磁负荷与电负荷曲线，此时，d 轴电负荷 K_{sd0} 足以使电机饱和，磁负荷与永磁同步电机相同，q 轴电负荷仍然小于总电负荷，因此饱和同步磁阻电机的切向应力接近但不等于永磁同步电机的切向应力。

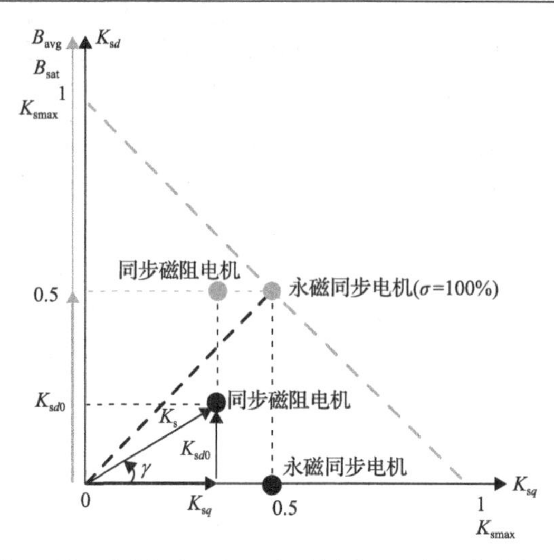

图 3.12　饱和磁场下同步磁阻电机/永磁同步电机的磁负荷与电负荷曲线

d 轴磁感应强度正比于 d 轴电负荷，d 轴电负荷 K_{sd0} 与饱和磁感应强度 B_{sat} 之间的关系可表示为

$$B_{sat} = \left(\frac{\mu_0 D}{\pi p g}\right) K_{sd0} \tag{3.13}$$

式中，p 是极数；g 是气隙长度。

3.4　理想同步磁阻电机案例研究

本节将理想的同步磁阻电机与 3.2 节中的表贴式稀土永磁同步电机基准样机进行对比。理想的同步磁阻电机基于以下两点假设：

(1) 对于高电感轴 (d 轴)，转子更换为铁心柱，气隙为 0.4mm，永磁同步电机气隙为 1.5mm。对于转子直径，该气隙尺寸是合理的，铁心饱和磁感应强度为 1.5T。

(2) 对于低电感轴 (q 轴)，转子用空气替代，假设电感为零。

对于同步磁阻电机，使用式 (3.13) 重新进行计算，电机产生额定磁负荷所需定子电负荷 K_{sd0} 的励磁部分，表示为

$$K_{sd0} = \left(\frac{\pi p g}{\mu_0 D}\right) B_{sat} \tag{3.14}$$

激磁比 k 定义为励磁电负荷与额定电负荷的比值：

$$k = \frac{K_{sd0}}{K_{s0}} \tag{3.15}$$

在额定电负荷 $K_{s0} = 30\text{kA/m}$、转子直径 $D = 100\text{mm}$、气隙饱和磁感应强度 $B_{sat}=0.75\text{T}$（铁心饱和磁感应强度的 1/2）的条件下，可以得到 2 极电机激磁比 k 为 25%，4 极电机激磁比 k 为 50%，6 极电机激磁比 k 为 75%，8 极电机激磁比 k 为 100%。因此，由电机几何形状和电负荷或磁负荷可知，对于 4 极电机，50%的额定电负荷可以产生额定磁负荷。显然，激励所需的电负荷越大，可用于产生转矩的电负荷就越小。

图 3.13 和图 3.14 分别为 2 极、4 极、6 极、8 极同步磁阻电机磁负荷/电负荷曲线（图中磁负荷为灰色、d 轴电负荷为黑色），以及切向应力和功率因数与电负荷的性能特征，包括理想的永磁同步电机性能（黑色虚线），假设在给定的工作点上按最大转矩输出进行控制。

当同步磁阻电机未达到饱和状态时，电负荷较低，转轴切向应力（对应转矩）正比于电负荷（对应电流）的平方，所以在低电负荷电流下的最大输出转矩相对较低。饱和后，转矩对电流曲线变得更线性，接近永磁同步电机的曲线。对于考虑的几何形状，6 极和 8 极电机设计即使在额定电负荷下也不会饱和。

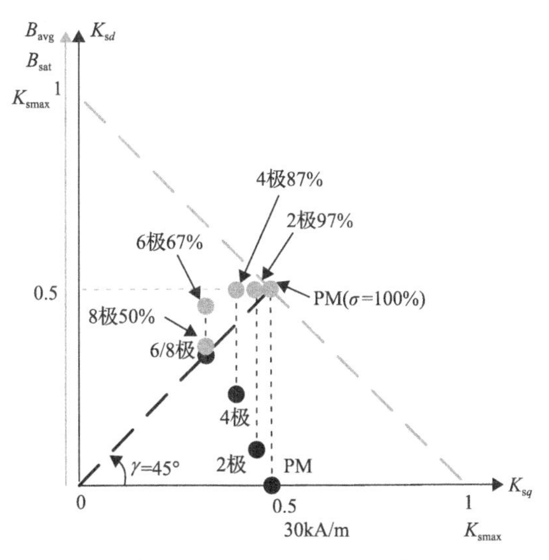

图 3.13　额定运行时的 2～8 极同步磁阻电机

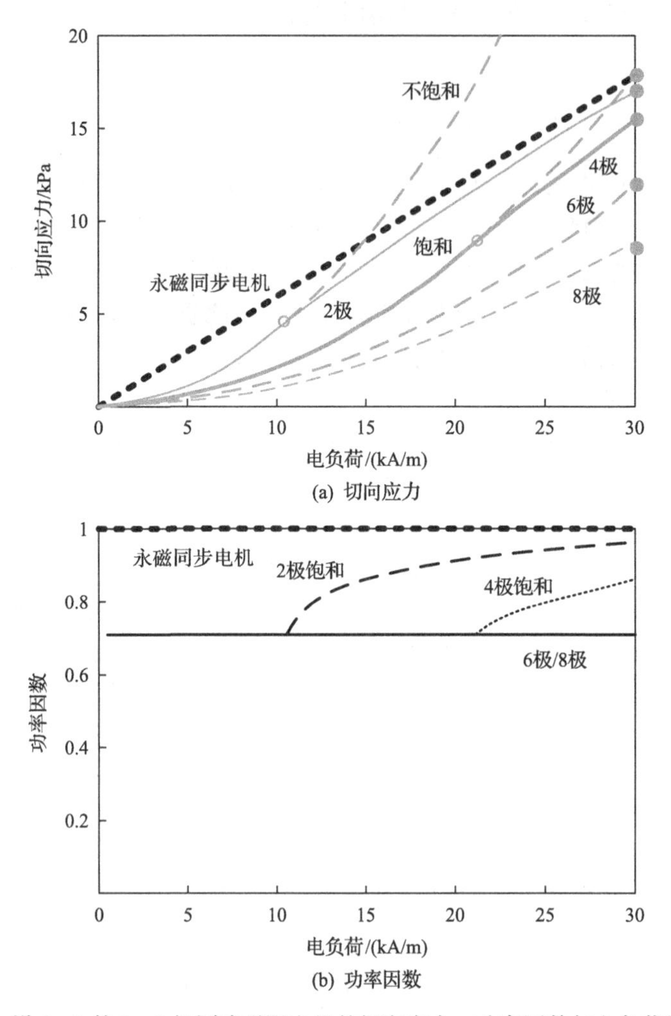

(a) 切向应力

(b) 功率因数

图 3.14　设 L_q=0 的 2～8 极同步磁阻电机的切向应力、功率因数与电负荷关系曲线

从图 3.14 可以看出，在给定电负荷并以最大转矩运行工况下，电机不饱和运行的功率因数保持在 0.7 左右，而当电机饱和时，功率因数增大，趋近于 1。图中还给出了没有磁负荷限制的不饱和同步磁阻电机的性能。

在实际的电机中，L_q 的值不为零，转矩与 L_q 和 L_d 的差值成正比，会降低转矩。然而，在同步磁阻电机转子中添加永磁材料可以改善其性能。

图 3.15 是与图 3.14 相似的切向应力与电负荷关系曲线，不同之处在于，将结果归一化为激磁比 k，转变到标幺值坐标系下。

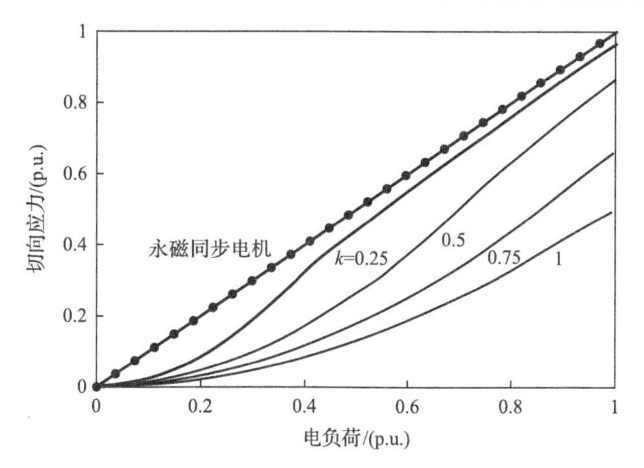

图 3.15　标幺值坐标系下切向应力与电负荷关系曲线

3.5 本 章 小 结

电机磁负荷和电负荷的乘积产生切向应力(因此产生转矩)。磁负荷受到电机使用磁性材料的饱和磁感应强度的限制，电负荷受导体面积、槽满率和最大允许电流密度(通常受容许温升限制)的限制。

本章探讨了电负荷、磁负荷图的概念，基于电负荷/磁负荷图进行了用铁氧体永磁体代替稀土永磁体设计永磁同步电机的案例研究。电负荷/磁负荷图提供了一种方便的在改变永磁体剩磁时进行直观性能权衡的图形方法。

同步磁阻电机和表贴式永磁同步电机的对比也适用于这一图表。结果表明，同步磁阻电机的切向应力受到电机激磁所需的电负荷限制，可以通过减少极数和减小气隙长度，使电机激磁所需的电负荷最小化。

参 考 文 献

[1] Lipo, T.A.: Introduction to AC Machine Design. Wisconsin Power Electronics Research Center, University of Wisconsin (2004)

[2] Miller, T.J.E.: Brushless Permanent-Magnet and Reluctance Motor Drives. Oxford Science Publications (1989)

[3] Tang, C., Soong, W.L., Liew, G.S., Ertugrul, N.: Effect of pole and slot number changes on the performance of a surface PM machine. In: 2012 XXth International Conference on Electrical Machines (ICEM). pp. 220-227 (2012)

第4章　永磁同步电机/同步磁阻电机参数辨识

吉安马里奥·佩莱格里诺

电机磁参数辨识对永磁同步电机/同步磁阻电机驱动器的设计和控制至关重要。在同步磁阻电机和永磁辅助同步磁阻电机中，由于磁饱和以及 d 轴、q 轴之间的交叉耦合效应，电流与磁链之间的非线性问题严重。本章回顾各种类型非线性磁场永磁同步电机的建模，以及电流、磁链关系的电感辨识技术。通过对同步磁阻电机和永磁同步电机/同步磁阻电机案例进行分析，提出从电机设计到控制算法实现，在电机全寿命周期内，磁链图的辨识和处理非常重要。磁参数不准确会导致转矩和输出功率计算错误，电机驱动器无法实现最佳效率运行，影响控制效果，甚至使电机运行发生振荡，或因位置观测误差造成电机不稳定运行。因此，准确的磁链图是伺服电机驱动器在零速附近实现高性能控制的基础。本章还研究最经典和最新的辨识技术，包括自辨识方法。此外，还将磁链图方法与通用的电感建模方法进行对比分析，给出永磁同步电机以及同步磁阻电机等不同类型电机的样机测试结果。

4.1　引　　言

永磁同步电机是驱动和发电的高端解决方案。一般来说，需要根据具体的应用场合进行定制化电机设计，普通同步磁阻电机和永磁辅助同步磁阻电机更是如此。在模型方面，几乎所有的永磁同步电机的磁链模型都是非线性模型，其 d 轴、q 轴电感会因直轴电流出现饱和，并且会因对交轴电流敏感而出现交叉耦合效应。基于准确的电机磁模型，电机及驱动器的设计人员可进一步优化转矩密度、效率、弱磁能力、动态响应和位置自检测控制等指标。更重要的是，终端用户可以全面、方便地辨识所用电机的各种参数。因为在电机实际使用过程中，尽管用户在电机选型、逆变器选型、设计驱动器的控制算法时需要这些数据，但是电机制造商通常并不提供完整的电机数据。因此，本章将回顾电机磁模型辨识和处理方法。

多年来，永磁同步电机的测试和参数辨识标准，一直沿用20世纪80年代的绕线式电机标准[1]。2013 年，电气与电子工程师协会(Institute of Electrical and Electronics Engineers, IEEE)发布了用于测试永磁同步电机的试用草案[2]。由逆变器驱动永磁同步电机的辨识方法分为静止测试和运行测试，它们分别有各自的优势和局限性[3-8]。一般地，在设计阶段广泛采用有限元进行分析，该过程有在线辨识技术，也有离线自辨识技术，可连续辨识电机参数，从而有利于终端用户[9,10]。

4.2　永磁同步电机/同步磁阻电机分类和建模方法

本节分别介绍磁链图和电感建模两种方法。磁链图方法具有普适性，可适用于具有非线性特征的电机；电感建模方法更简单易行，但仅适用于具有线性磁场特征的电机。此外，本节分析各种永磁同步电机的组合类型，并据此得出哪种类型的电机磁场可以近似为线性，哪种类型的电机磁场不可以近似为线性。

4.2.1　动态模型

在 d 轴、q 轴转子同步旋转坐标系中，永磁同步电机的电压模型为式(4.1)，状态变量是 d 轴、q 轴磁链。磁链与电流矢量相互作用，产生电机的电磁转矩，见式(4.2)。图 4.1 的框图中对应电机动态电压模型(4.1)和动态转矩模型(4.2)。

$$\boldsymbol{V}_{dq}=R_{\mathrm{s}}\cdot\boldsymbol{I}_{dq}+\frac{\mathrm{d}\boldsymbol{\Lambda}_{dq}}{\mathrm{d}t}+\mathrm{j}\omega\boldsymbol{\Lambda}_{dq}\tag{4.1}$$

$$T_{\mathrm{em}}=\frac{3}{2}p\cdot\left(\boldsymbol{\Lambda}_{dq}\times\boldsymbol{I}_{dq}\right)\tag{4.2}$$

式中，$\boldsymbol{V}_{dq}$、$\boldsymbol{I}_{dq}$、$\boldsymbol{\Lambda}_{dq}$ 分别为电压、电流和磁链矩阵向量；ω 为角频率，单位为 rad/s；R_{s} 为定子电阻，单位为 Ω。

电机的磁模型反映的是磁链与电流之间的二维非线性关系，反之亦然：

$$\boldsymbol{\Lambda}_{dq}=\boldsymbol{\Lambda}\left(i_d,i_q\right),\ \boldsymbol{I}_{dq}=\boldsymbol{\Lambda}^{-1}\left(\lambda_d,\lambda_q\right)\tag{4.3}$$

为简化计算，式(4.1)忽略了电机铁损，本章提出的辨识方法采用不同策略以避免或补偿铁损的影响。

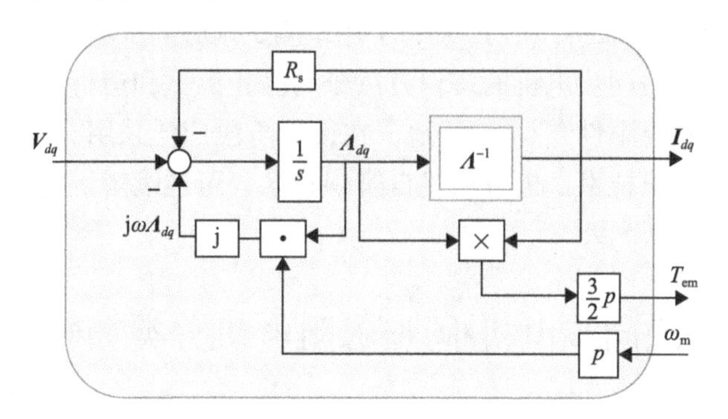

图 4.1　d 轴、q 轴转子同步旋转坐标系下永磁同步电机的动态模型

最常见的建模方法是根据式(4.4)建立磁链模型 $\boldsymbol{\Lambda}$，即直接测量电流和磁链，并将其结果存储在两个二维表[9]，或进行曲线拟合[11-16]：

$$\begin{cases} \lambda_d = \lambda_d\left(i_d, i_q\right) \\ \lambda_q = \lambda_q\left(i_d, i_q\right) \end{cases} \tag{4.4}$$

4.2.2　电流模型

电机通常是通过电流控制实现对电磁转矩的控制，因为电流是可测量的且比磁链更容易实现闭环控制。因此，通常用 d 轴、q 轴电流作为电机的状态变量，而不用磁链作为电机的状态变量。若将电流用 d 轴、q 轴分量表示，则电机的磁链模型由式(4.3)变为式(4.5)：

$$\boldsymbol{\Lambda}_{dq} = \boldsymbol{\Lambda}_{pm} + \boldsymbol{L}\cdot\boldsymbol{I}_{dq}, \quad \boldsymbol{\Lambda}_{pm} = \begin{bmatrix} \lambda_{pm} \\ 0 \end{bmatrix}, \quad \boldsymbol{I}_{dq} = \boldsymbol{L}^{-1}\cdot\left(\boldsymbol{\Lambda}_{dq} - \boldsymbol{\Lambda}_{pm}\right) \tag{4.5}$$

引入电感矩阵 $\boldsymbol{L}$，单位为 H，则永磁磁链与电枢磁链可以分别进行表示，式(4.6)以标量分量形式定义电感矩阵 $\boldsymbol{L}$，其中 $L_{dq} = L_{qd}$。

$$\boldsymbol{L} = \begin{bmatrix} L_d\left(i_d, i_q\right) & L_{dq}\left(i_d, i_q\right) \\ L_{qd}\left(i_d, i_q\right) & L_q\left(i_d, i_q\right) \end{bmatrix} \tag{4.6}$$

将式(4.5)代入电压方程(4.1)，可得

$$\boldsymbol{V}_{dq}=R_{\mathrm{s}}\cdot\boldsymbol{I}_{dq}+\frac{\partial\boldsymbol{\Lambda}_{dq}}{\partial\boldsymbol{I}_{dq}}\cdot\frac{\mathrm{d}\boldsymbol{I}_{dq}}{\mathrm{d}t}+\mathrm{j}\omega\cdot\left(\boldsymbol{\Lambda}_{\mathrm{pm}}+\boldsymbol{L}\cdot\boldsymbol{I}_{dq}\right) \tag{4.7}$$

式(4.7)中磁链对电流的偏导数为增量电感，用 $\boldsymbol{L}_{\mathrm{inc}}$ 表示，有

$$\boldsymbol{L}_{\mathrm{inc}}=\frac{\partial\boldsymbol{\Lambda}_{dq}}{\partial\boldsymbol{I}_{dq}}=\begin{bmatrix}\dfrac{\partial\lambda_d}{\partial i_d} & \dfrac{\partial\lambda_d}{\partial i_q}\\ \dfrac{\partial\lambda_q}{\partial i_d} & \dfrac{\partial\lambda_q}{\partial i_q}\end{bmatrix}=\begin{bmatrix}l_d\left(i_d,i_q\right) & l_{dq}\left(i_d,i_q\right)\\ l_{qd}\left(i_d,i_q\right) & l_q\left(i_d,i_q\right)\end{bmatrix} \tag{4.8}$$

当电机磁场为线性磁场时，则视在电感与增量电感相等。否则，视在电感与增量电感不相等，即 $\boldsymbol{L}_{\mathrm{inc}}\neq\boldsymbol{L}$。此时，电机模型可用式(4.7)与式(4.2)重新描述，模型框图如图 4.2 所示。在这个电机模型中，磁参数有电感和磁链，电感有增量电感和视在电感两种形式，永磁磁链矢量是另一个磁参数。从这个角度来说，相比于图 4.1 所示基于磁链的电机模型，图 4.2 中电感的引入增加了电机模型的复杂程度。

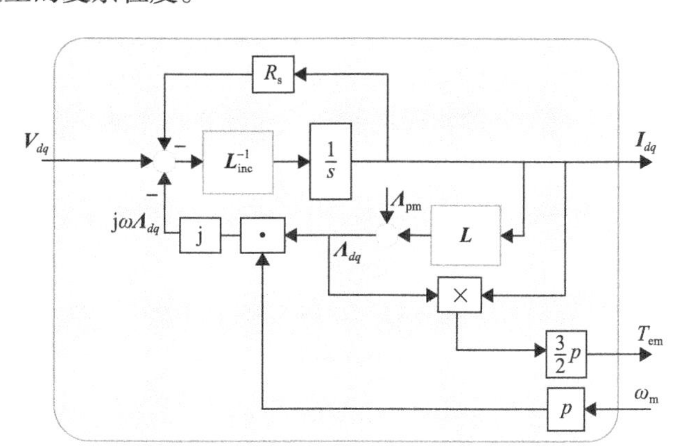

图 4.2　以 d 轴、q 轴电流为状态变量的永磁同步电机动态模型

4.2.3　励磁转矩和磁阻转矩

式(4.5)中，定子励磁磁链和永磁磁链共同构成电机气隙磁链，相应的电机电磁转矩由两部分组成：励磁转矩和磁阻转矩。将式(4.5)、式(4.6)代入式(4.2)，可得

$$T_{\mathrm{em}}=\frac{3}{2}p\cdot\left[\lambda_{\mathrm{pm}}i_q+\left(L_d-L_q\right)\cdot i_d i_q\right] \tag{4.9}$$

其中，交叉耦合项 L_{dq} 包含在 d 轴电感和 q 轴电感中，式(4.9)中的 L_d、L_q、λ_{pm} 都是与 i_d、i_q 有关的函数，电机凸极比定义为 $\xi = L_q/L_d$。凸极电机(即 $L_d \neq L_q$)磁阻转矩的产生是因为 d 轴、q 轴电感不相等，磁阻转矩的大小正比于 d 轴与 q 轴电感之差(L_d-L_q)、q 轴电流 i_q 以及 d 轴电流 i_d($i_d \neq 0$)的乘积。在各向同性电机(即 $L_d = L_q$)中，电磁转矩仅由 q 轴 i_q 电流($i_d = 0$)产生。通常，凸极电机的 d 轴电感小于 q 轴电感，即 $L_d < L_q$，因此需要负的 d 轴电流 $-i_d$，才能使电机励磁转矩和磁阻转矩符号相同，令两个转矩叠加产生电机电磁转矩。值得注意的是，磁参数 L_d、L_q、λ_{pm} 随着电机运行工作点的变化而有所变化。

4.2.4 励磁转矩与磁阻转矩的组合

图 4.3 是同步电机结构设计的重要图例，从图(a)到图(g)，分别是从只有磁阻转矩的同步磁阻电机(图(a))，到只有励磁转矩的各向同性表贴式永磁同步电机(图(f)和(g))，中间的过渡区涵盖了所有表贴式永磁同步电机和同步磁阻电机的组合类型。正如第 1 章中所述，各种类型的永磁同步电机规则分布在内嵌式永磁同步电机设计平面图上，如图 4.4 所示[11]。x 轴为永磁磁链与电机额定磁链之比的标幺值，即额定转速下开路电压和额定电压之比。y 轴是电机凸极比，非凸极的永磁同步电机位于图 4.4 的 x 轴上，而同步磁阻电机位于 y 轴上。

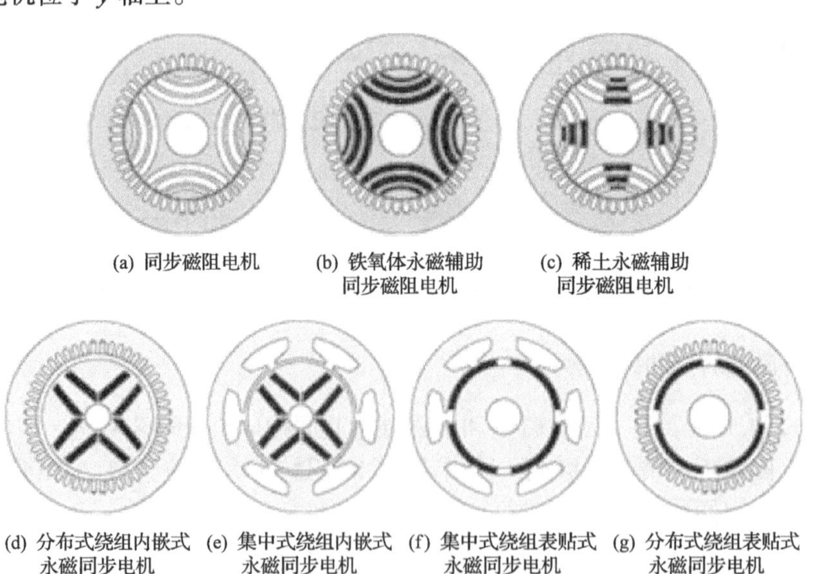

(a) 同步磁阻电机　(b) 铁氧体永磁辅助同步磁阻电机　(c) 稀土永磁辅助同步磁阻电机

(d) 分布式绕组内嵌式永磁同步电机　(e) 集中式绕组内嵌式永磁同步电机　(f) 集中式绕组表贴式永磁同步电机　(g) 分布式绕组表贴式永磁同步电机

图 4.3　不同类型的永磁同步电机结构图

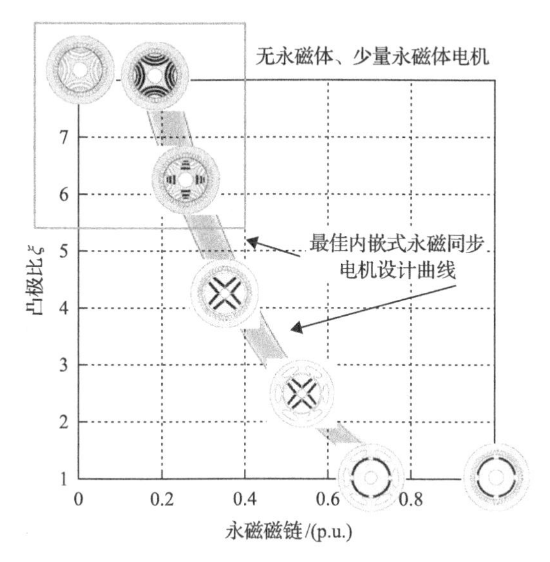

图 4.4　内嵌式永磁同步电机设计平面图

所有其他类型的永磁同步电机都是 x 分量与 y 分量的组合，反映了励磁转矩与磁阻转矩的组合。最佳内嵌式永磁同步电机设计曲线代表永磁体和凸极比的特定匹配关系，位于此设计线上的电机具有最优的弱磁能力，可以在电压和电流极限范围内获得无限速度的恒功率运行区间[11]。同步磁阻电机和永磁辅助同步磁阻电机位于设计平面的左上角，代表无永磁体或者含少量永磁体的电机类型。在第 2 章中指出，同步磁阻电机不是最佳的内嵌式永磁同步电机方案，在同步磁阻电机中增加适量的永磁体，设计永磁辅助同步磁阻电机，可使电机处于最佳弱磁工作区。

4.2.5　设计举例

理论上，在所有类型的永磁同步电机中，同一铁心内永磁体磁场和电磁励磁磁场共同产生的气隙磁场均存在磁饱和问题，磁饱和的影响随电枢电流(i_d, i_q)的大小而变化。实际上，只有当电枢磁场远大于永磁体磁场时才会出现这种情况。观察内嵌式永磁同步电机设计平面图可知，永磁磁链(标幺值)大的电机，其电枢磁链很小或可忽略，此时电枢电流对铁心磁饱和的影响有限。因此，若电机永磁磁链(标幺值)大于 0.8，趋近于横轴，则电机具有恒定的电感；反之，若电机永磁磁链很小，意味着电枢磁链很大，则电流变化直接反映了铁心的饱和程度。在图 4.4 中，从内嵌式永磁同步电机设计平面图的右侧(永磁同步电机磁链≈0.8～0.9)到左侧，电机磁场的非线性越来越显著，永磁辅助同步磁阻电机的永磁磁链值很低，这时电机磁场主要是电枢磁场，这也是电机磁场非线性特性明显的原因。

三台电机设计样机如图 4.5 所示，参数对比见表 4.1。其中，两台电机的定子都是集中式绕组(concentrated winding, CW)，转子结构分别是内嵌式和表贴式[12]。参照型号 FreedomCar 2020 电机的规格数据，这两台电机的最高转速为 14000r/min，额定功率为 30kW(连续工作制)。它们具有相同的定子和可替换的转子，采用单层(single-way)绕组，额定转速和额定功率是文献[12]中电机设计的 1/2。第三台电机是专为电动滑板车设计的永磁辅助同步磁阻电机[13]，额定转速为 2450r/min，额定功率为 7kW，最高转速为 10000r/min。

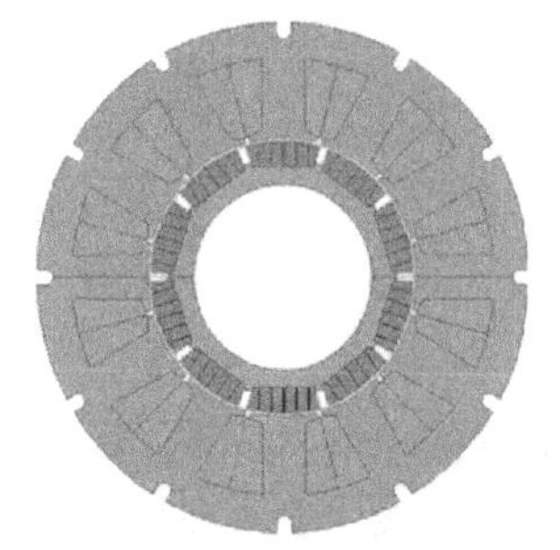
(a) 集中式绕组表贴式永磁同步电机

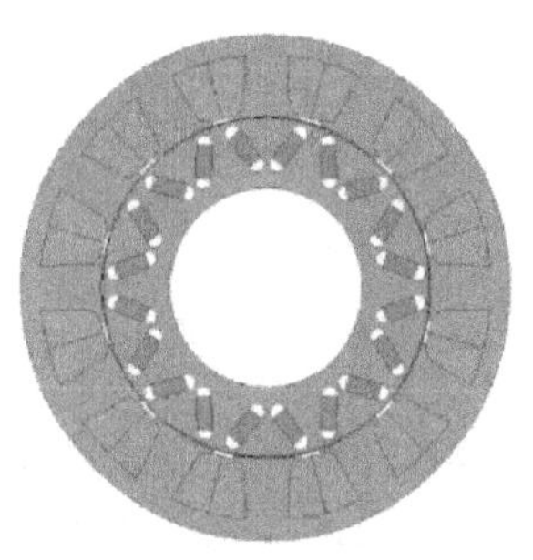
(b) 集中式绕组内嵌式永磁同步电机

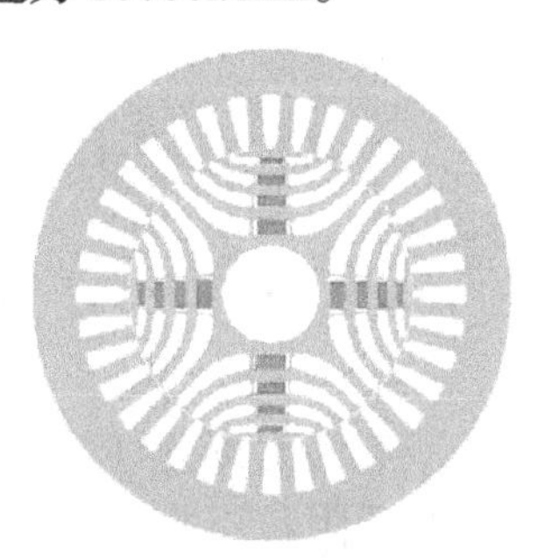
(c) 永磁辅助同步磁阻电机

图 4.5　三台电机设计样机

表 4.1　三台电机的参数对比

比较项	内嵌式永磁同步电机	表贴式永磁同步电机	永磁辅助同步磁阻电机
槽数	12	12	36
极数 p	5	5	2
定子外径/mm	274	274	150
叠片长度/mm	73.4	73.4	142
气隙长度/mm	0.73	1.85	0.3
额定转速/(r/min)	1400	1400	2450
额定转矩/(N·m)	102	102	27
额定电流(峰值)/A	113	109	28
特征电流(峰值)/A	50	87	14

续表

比较项	内嵌式永磁同步电机	表贴式永磁同步电机	永磁辅助同步磁阻电机
额定电压(线电压峰值)/V	265	232	198
开路电压(线电压峰值)/V	156	171	34
转动惯量/(kg·m^2)	21×10^{-3}	21×10^{-3}	4.3×10^{-3}
冷却类型	液体降温	液体降温	自然冷却

图 4.6 标出这三台电机在内嵌式永磁同步电机设计平面中的位置。处于左侧位置的永磁辅助同步磁阻电机，磁参数受电流变化影响很大；处于中间位置的集中式绕组内嵌式永磁同步电机磁参数受电流变化的影响不可忽略；处于右侧位置的集中式绕组表贴式永磁同步电机磁参数受电流变化的影响可忽略不计，详见 4.2.6 节。

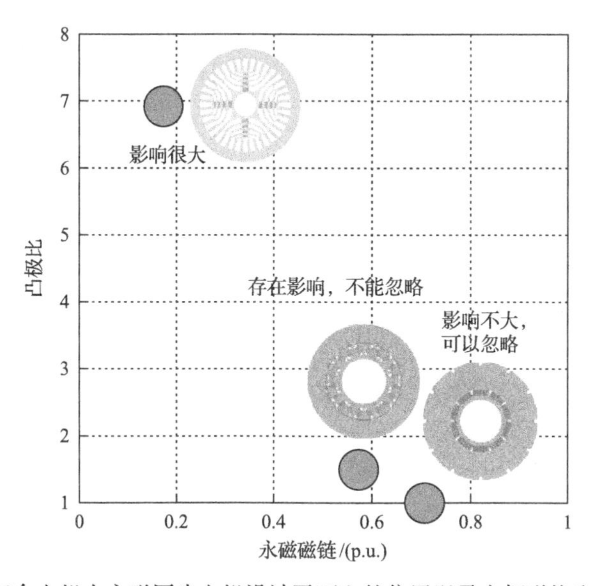

图 4.6　三台电机在永磁同步电机设计平面上的位置以及电枢磁饱和度的影响

4.2.6　三台电机的磁链图

使用文献[8]中描述的恒速法进行实验，测得三台电机的二维磁链图 $\boldsymbol{\Lambda}_{dq}(i_d, i_q)$ 分别对应图 4.7～图 4.9。图 4.7 为表贴式永磁同步电机磁链 λ_d、λ_q，曲面变化相对平缓，说明 d 轴和 q 轴电感恒定，不存在交叉耦合效应。

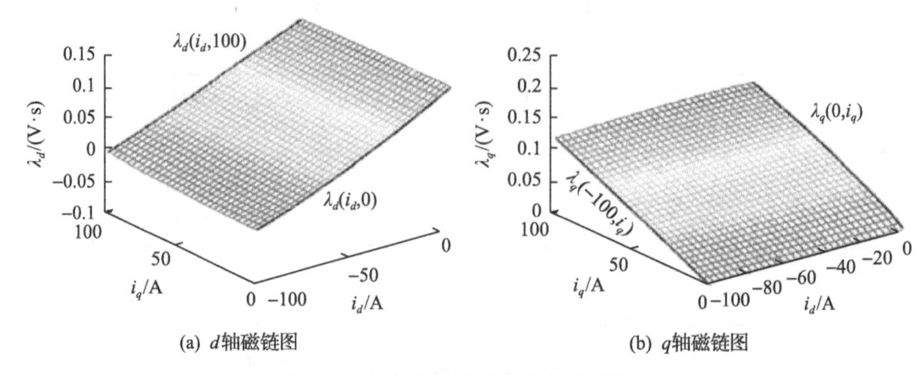

(a) d轴磁链图　　(b) q轴磁链图

图 4.7　表贴式永磁同步电机的磁链图

图 4.8 中所示的内嵌式永磁同步电机磁链 λ_d、λ_q 曲面变化有起伏，这表明 d 轴和 q 轴电感不是恒值。

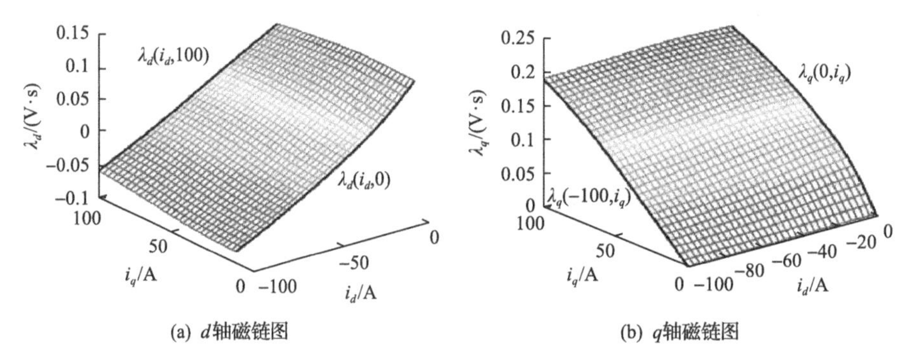

(a) d轴磁链图　　(b) q轴磁链图

图 4.8　内嵌式永磁同步电机的磁链图

在图 4.9 中，永磁辅助同步磁阻电机中磁链 λ_d、λ_q 曲面有明显的非线性特征，尤其是电机磁通的主要部分 d 轴磁链 λ_d。对于永磁辅助同步磁阻电机的设计和控制，电感数值变化很大，因而电感模型不再适用。需要注意的是，图 4.9 中永磁辅助同步磁阻电机使用的同步旋转坐标系和同步磁阻电机中 d 轴、q 轴方向的定义一致，即 d 轴为沿着转子铁心导磁通道方向，q 轴为垂直穿过磁障层方向，因此 d 轴电感大于 q 轴电感，即 $L_d>L_q$，永磁磁链 λ_{pm} 指向负 q 轴方向。这种 d 轴、q 轴方向选取与许多内嵌式凸极永磁同步电机不同，请读者在阅读本书时注意 d 轴、q 轴方向，避免产生错误的理解。

图 4.10 分别是表贴式永磁同步电机和内嵌式永磁同步电机两种永磁同步电机样机的磁链-电流关系曲线。图 4.11 是永磁辅助同步磁阻电机样机磁链-电流关系曲线。三台电机的磁链曲线都是关于直轴电流的磁链变化，而以

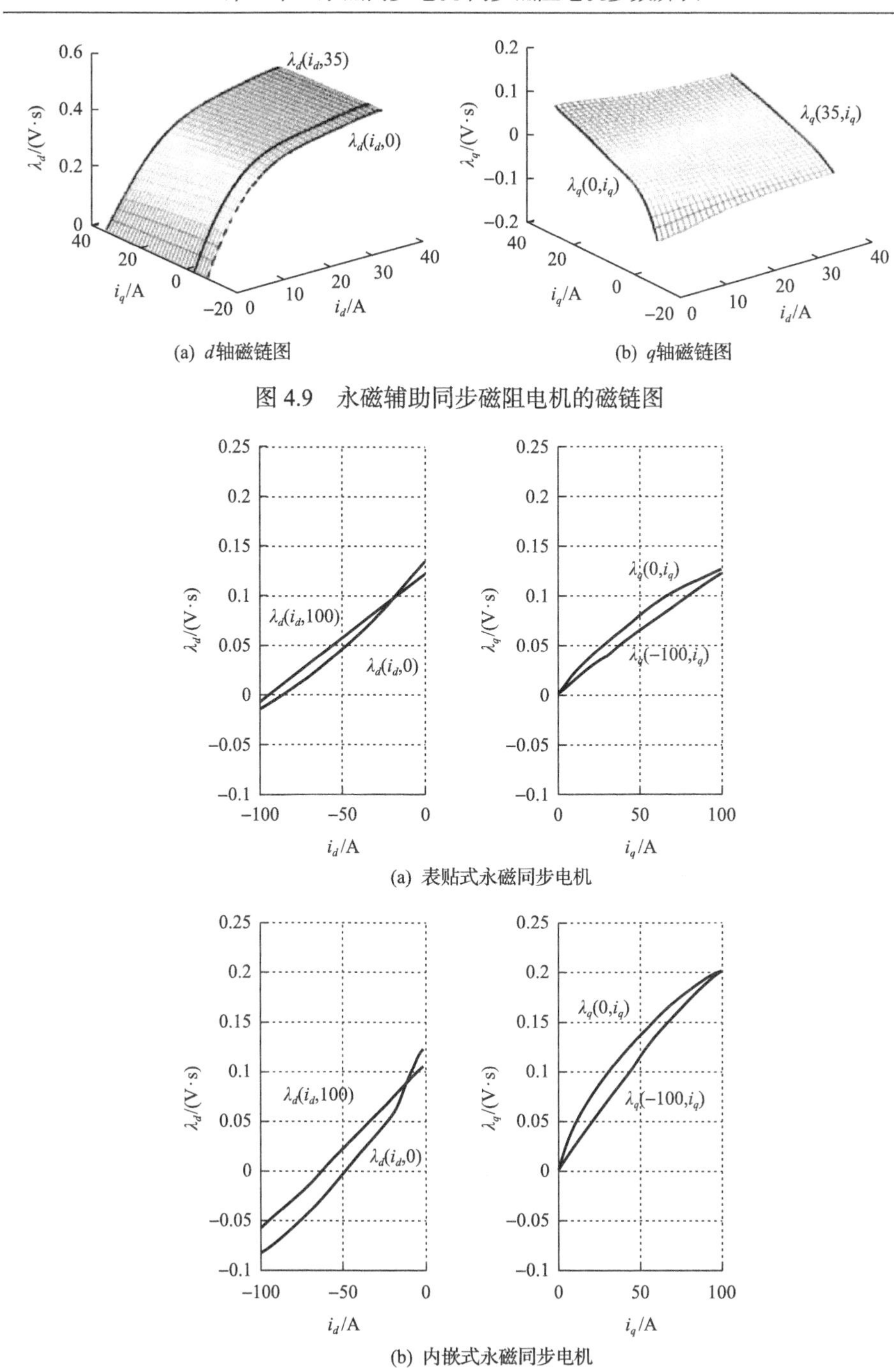

(a) d轴磁链图

(b) q轴磁链图

图 4.9　永磁辅助同步磁阻电机的磁链图

(a) 表贴式永磁同步电机

(b) 内嵌式永磁同步电机

图 4.10　表贴式永磁同步电机和内嵌式永磁同步电机的磁链-电流关系曲线

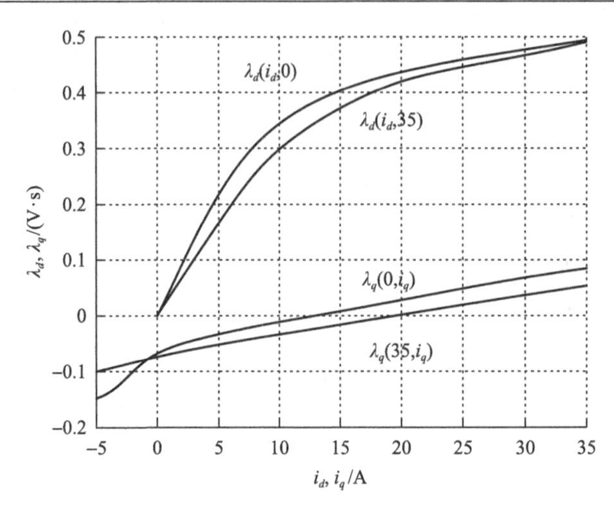

图 4.11　永磁辅助同步磁阻电机的磁链-电流关系曲线

交轴电流为参数。例如，图 4.10(a)中两条 λ_d -i_d 曲线分别是 i_q = 0A 和 i_q =100A 时，d 轴磁链 λ_d 随 d 轴电流 i_d 变化的函数，即 $\lambda_d=f(i_d)$。图 4.10(b)中两条 λ_q-i_q 曲线分别是 i_d= 0A 和 i_d= –100A 时，q 轴磁链 λ_q 随 q 轴电流 i_q 变化的函数，即 $\lambda_q=f(i_q)$。

图 4.10 和图 4.11 即是图 4.7～图 4.9 所示三维磁链曲面中的两条边缘曲线。由图 4.10(a)可以看出，表贴式永磁同步电机是准线性的，两条边缘曲线基本重合；图 4.10(b)中内嵌式永磁同步电机的两条边缘曲线错开，表明其磁链受交叉饱和的影响；图 4.11 中永磁辅助同步磁阻电机的磁链具有明显的非线性特征，在 4.3 节中将具体分析磁链图与电感之间的关系。

4.3　永磁磁链、增量电感和视在电感的求解

本节将阐述如何从磁链图获得基于电感的电机模型，包括磁链对电流取微分得到增量电感，以及如何避免视在电感在零电流附近出现奇点。

4.3.1　增量电感

增量电感是由 d 轴、q 轴磁链分别对 d 轴、q 轴电流取偏导数求得的，见数学表达式(4.8)，其大小可通过对图 4.7～图 4.9 的磁链图取局部微分获得。如果磁链图以表格的形式存储，则更简单，根据式(4.10)，可以直接查表得到分子和分母的有限差分值:

$$l_d = \frac{\Delta\lambda_d}{\Delta i_d},\ \ l_q = \frac{\Delta\lambda_q}{\Delta i_q},\ \ l_{dq} = \frac{\Delta\lambda_d}{\Delta i_q},\ \ l_{qd} = \frac{\Delta\lambda_q}{\Delta i_d} \tag{4.10}$$

图 4.5(b)中设计的内嵌式永磁同步电机，根据图 4.8 中的磁链曲面采用 MATLAB 离线计算增量电感，结果如图 4.12 所示，四个电感 l_d、l_q、l_{dq}、l_{qd} 随实际工作点(i_d,i_q)变化的曲线。

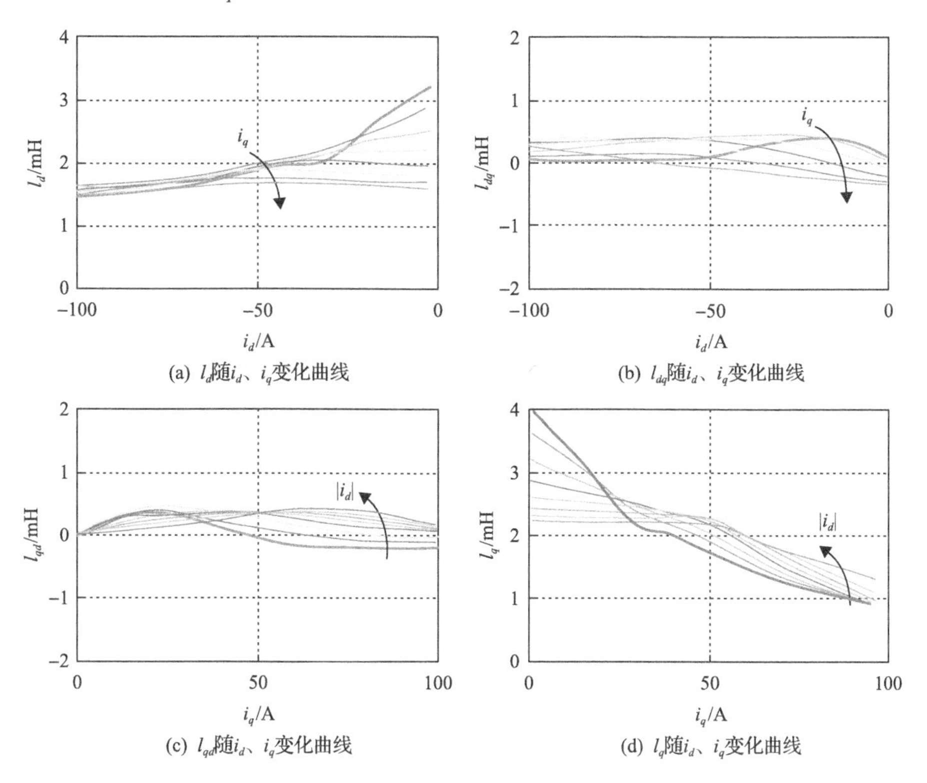

图 4.12　根据图 4.8 实验获得的增量电感曲线

4.3.2　视在电感：$i_d = 0$ 时的奇点

视在电感的定义不是很明晰，要明确其具体含义。首先，必须分别考虑永磁体磁场和定子绕组产生的电枢磁场对电感的影响；其次，理论上，式(4.5)中的所有四个电感以及永磁磁链都可认为是 i_d、i_q 的函数。通常会通过假设条件进行简化，但这可能会导致计算不准确或出现奇点。

第一种方法，令永磁磁链等于开路磁链并保持恒定，从而使得非对角线上的电感强制为零(交叉饱和的影响并入 L_d 和 L_q 中)：

$$\boldsymbol{\Lambda}_{dq}=\begin{bmatrix} L_d\left(i_d,i_q\right) & 0 \\ 0 & L_q\left(i_d,i_q\right) \end{bmatrix}\cdot \boldsymbol{I}_{dq}+\begin{bmatrix} \lambda_{\mathrm{pm}} \\ 0 \end{bmatrix} \tag{4.11}$$

式(4.11)的电感可根据磁链图按式(4.12)求解：

$$\begin{cases} L_d\left(i_d,i_q\right)=\dfrac{\lambda_d\left(i_d,i_q\right)-\lambda_{\mathrm{pm}}}{i_d} \\ L_q\left(i_d,i_q\right)=\dfrac{\lambda_q\left(i_d,i_q\right)}{i_q} \end{cases} \tag{4.12}$$

按图 4.8 中的磁链图进行计算，得到内嵌式永磁同步电机的视在电感，如图 4.13 所示。由式(4.12)可以看出，当 $i_q \neq 0$ 时，L_d 项在 $i_d = 0$ 处是一个奇点，这是由于表达式分母为零，d 轴磁链随 i_q 的变化而改变。

第二种方法，将交叉饱和项分解为 d 轴、q 轴电感项，有

$$\boldsymbol{\Lambda}_{dq}=\begin{bmatrix} L_d\left(i_d\right) & L_{dq}\left(i_d,i_q\right) \\ L_{qd}\left(i_d,i_q\right) & L_q\left(i_q\right) \end{bmatrix}\cdot \boldsymbol{I}_{dq}+\begin{bmatrix} \lambda_{\mathrm{pm}} \\ 0 \end{bmatrix} \tag{4.13}$$

但是，对于相同的临界条件 $i_d = 0$，当 $i_q \neq 0$ 时，L_{dq} 项仍然存在奇点。

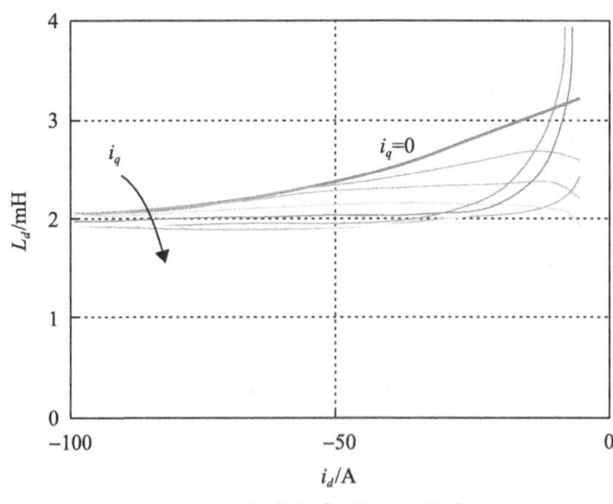

(a) 视在电感L_d与i_d、i_q关系

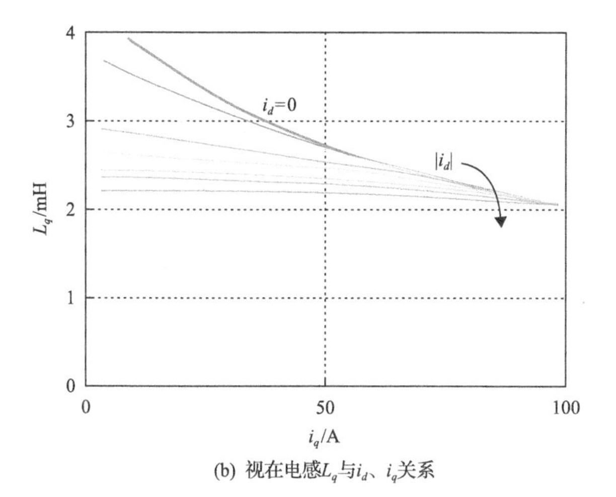

(b) 视在电感L_q与i_d、i_q关系

图 4.13　视在电感 L_d、L_q 与 i_d、i_q 关系

4.3.3　解决奇点问题

将永磁磁链用交轴电流分量 i_q 的函数表示以抵消奇点，此时磁链方程为

$$\boldsymbol{\Lambda}_{dq} = \begin{bmatrix} L_d\left(i_d, i_q\right) & 0 \\ 0 & L_q\left(i_d, i_q\right) \end{bmatrix} \cdot \boldsymbol{I}_{dq} + \begin{bmatrix} \lambda_{\text{pm}}\left(i_q\right) \\ 0 \end{bmatrix} \tag{4.14}$$

用于计算磁链图参数的式(4.14)中的定义参见式(4.12)，通过 λ_{pm} 与 i_q 的配合，即令 $\lambda_d\ (i_d\ , i_q) = \lambda_{\text{pm}}$，可以使式(4.12)在 $i_d = 0$ 时，分子分母都为零，从而避免出现奇点，如图 4.14 所示。

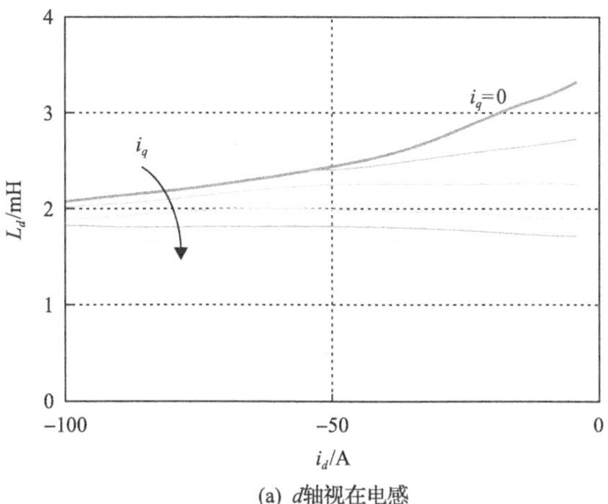

(a) d轴视在电感

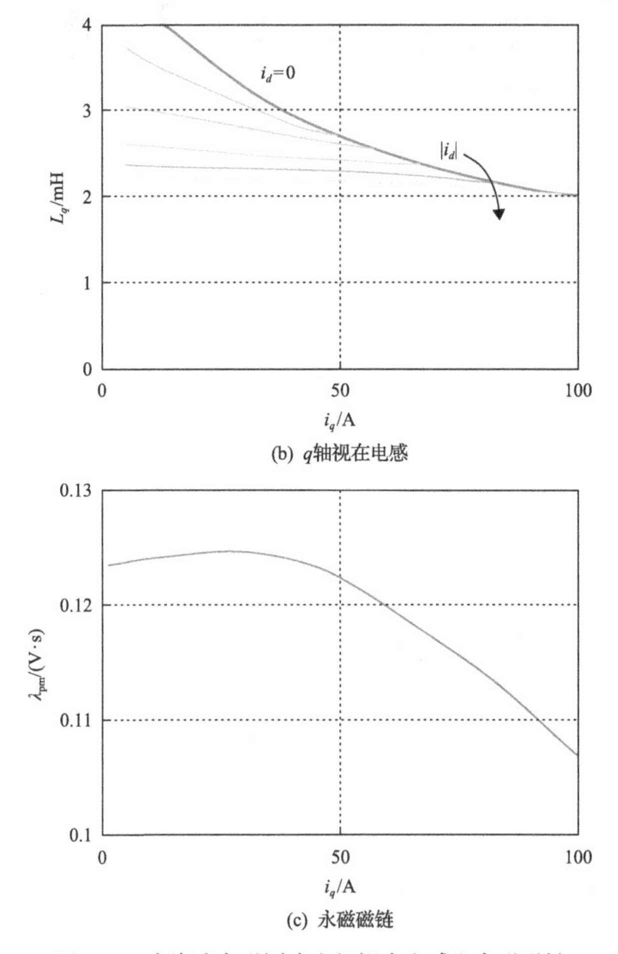

(b) q轴视在电感

(c) 永磁磁链

图 4.14　内嵌式永磁同步电机视在电感和永磁磁链

4.3.4　温度影响

温度变化会影响永磁体的剩磁大小，进而影响电机永磁磁链项 λ_{pm}。当永磁磁链值(标幺值)大、温度变化剧烈时，温度效应会对磁链模型产生严重影响，首先反映到电枢磁通的变化，进而体现到电机电感的变化，但是很难找到能适用于所有类型永磁同步电机的某种形式的通用方程描述这种影响。一种技术可行但耗时的方法是：检测电机在不同运行温度下的磁链图，然后根据不同永磁体工作温度，选择不同磁链模型的参数组。但是这种方法在实际系统中很难实现，因为多数情况下，温度变化唯一可见的是开路磁链(磁通)

的变化，而它是由受温度影响的永磁磁链和不受温度影响的电枢磁链叠加合成的。尤其是在永磁辅助同步磁阻电机中，永磁磁链在电机总磁链中占比较少，因此温度变化对电机电感几乎没有影响。本书建议的方法是：首先在参考温度下辨识电机模型参数，然后根据工作温度动态调整磁链大小，例如，使用文献[17]中提到的在线自适应方法来消除温度的影响。

磁链图涵盖了永磁体磁场和电枢磁场，能全面准确地描述一台电机的磁模型，在分析过程中无须将两部分磁场分开考虑，而且磁链图方法既可用于稳态分析，也可用于动态分析。在进行稳态分析时，可通过插值法获得各磁链的绝对值；在进行动态分析时，可通过磁链图差分法来求取参数的变化量。

基于电感的磁链模型依赖于假设永磁体磁通和电枢磁通相互独立。只要采用正确的建模方法，在磁链方程(4.14)中，如果充分考虑永磁磁链参数随交轴电流 i_q 的变化，就能得到正确的磁链模型。

然而，许多人更倾向选用基于三个恒定参数 λ_{pm}、L_d、L_q 的简单模型。这种简化模型能否使用取决于电机类型，还取决于能否准确获得这三个参数。经验上，电机能否使用三参数模型，由永磁体磁链标幺值的大小决定，也就是额定转速下的开路电压与额定电压之比。如 4.2.5 节中，永磁体磁链标幺值是判定电机模型是否非线性的评价指标：如果该值大于 0.8，则可以使用线性模型；否则，就不能使用线性模型来反映电机磁场特征。

类似的判定方法同样适用于评价 4.4 节中描述的各种辨识技术。对于磁场线性的电机，使用简单电感测量方法较为方便，而对于磁场非线性的电机，即使仍然使用电感模型，也需要对磁链图进行全面辨识。

此外，还考虑到温度对永磁磁链的影响，通常温度变化会导致磁通在磁链图(i_d, i_q)上的垂直移动：随着温度的升高，由于永磁体剩磁减少，磁链向下平移。

在 4.4 节中将介绍一系列电感辨识方法和磁通图辨识方法。

4.4　磁链模型辨识

磁链模型可以用有限元分析法或实验方法来辨识，有限元分析法主要用于设计电机，实验方法又分为静止法和恒速法两种，许多同步电机的辨识技术来源于大型绕线式感应电机的测试方法[1]。随后这种技术逐步扩展到由逆变器供电的电机，利用 d 轴、q 轴坐标系中的矢量控制方法来控制被测电机[6-10]，当然几乎所有方法都需要转子的机械位置已知。

4.4.1 有限元分析法辨识

有限元分析是现代电机设计的必需过程。静态电磁场二维有限元分析模型可以为大多数径向磁通结构电机提供精确的结果，与三维有限元分析模型相比，计算工作量有限。本节模拟实际电机的电流激励条件，通过磁矢量的积分求解磁链[14]。如 4.3 节所述，可以从磁链中推导出简化模型或更准确的模型。文献[15]中提出了利用有限元分析软件包的脚本功能，对输入数据和输出数据进行处理的自动运行程序。除了专门的商用软件[18-21]，还可以在网上获取免费工具包[22,23]。图 4.15 给出了另一台永磁同步电机和同步磁阻电机的有

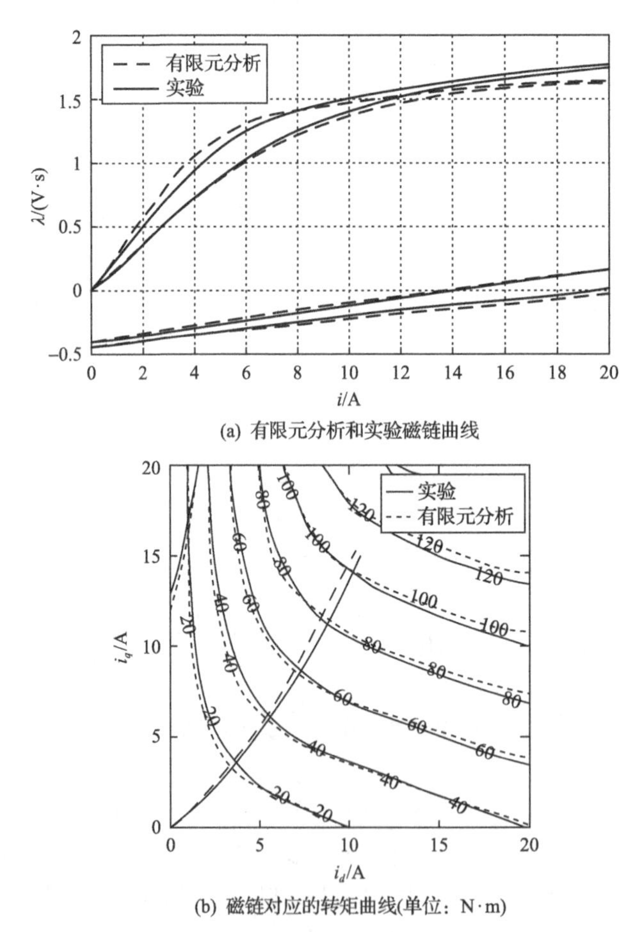

(a) 有限元分析和实验磁链曲线

(b) 磁链对应的转矩曲线(单位：N·m)

图 4.15 永磁同步电机和同步磁阻电机的磁链和转矩曲线

限元分析及实验曲线对比。其磁链曲线见图 4.15(a)，可以看出，有限元分析结果和实验结果极其吻合。在有限元分析模型中考虑到偏斜问题，当考虑电机定子或转子叠片某个部分偏斜时，可通过多次重复每个二维有限元模拟分析，来研究电机叠片不同区域的磁场，或者可以通过控制未偏斜电机的电流到磁链模型来解决这个问题，而无须进行额外的模拟仿真。

图 4.15(b)为电机按最大转矩电流比、最大转矩电压比轨迹控制的转矩轮廓线。通过运行有限元分析和实验获得的磁链曲线，如图 4.15(a)所示。

在整个工作范围内实验曲线和有限元分析曲线之间的误差低于 5%。反过来，基于有限元分析辨识的关键难点如下：

(1)现有电机的用户几乎无法获得构建精确模型所需的数据(图纸、材料编码、堆叠系数、匝数等)。

(2)二维有限元计算方便，但需要离线计算包括端接电阻、电感和偏斜在内的三维效应。端接部分可使用公式分析，转子偏斜需要多次运行有限元分析或对非偏斜电机的磁链图进行处理。

(3)*B-H* 曲线的来源是个问题，在深度饱和区，有限元分析外推法可能会产生模型误差。这是因为来自制造商的数据通常是不完整的，一般情况下最大值为 1.8T，如图 4.16(a)所示。有限元分析使用真空磁导率(保守方法)或末端增量磁导率(优化方法)来推断超出范围的值，见图 4.16(a)。这两种方法都会产生误差，建议加大对材料的测量范围，使其涵盖深度饱和区的特征。

(4)必须考虑层压切割的影响，在图 4.16(b)中比较了激光切割和线切割(与冲孔相当)对材料的影响。

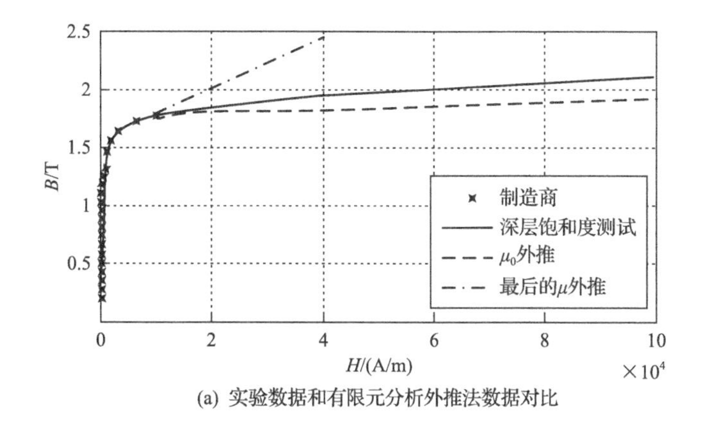

(a) 实验数据和有限元分析外推法数据对比

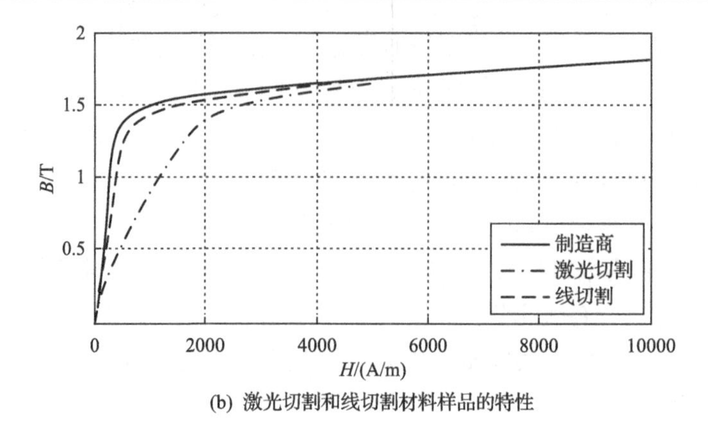

(b) 激光切割和线切割材料样品的特性

图 4.16　非定向硅钢片 M530-65 的 *B-H* 曲线

4.4.2　静止法辨识

传统静止条件下的辨识方法有频率响应法和时域法。在测试时，转子锁定在 d 轴或 q 轴位置。通过从单相电压激励电源的电流响应中提取电机电感，这种方法主要用于检测大型绕线式发电机的 d 轴、q 轴阻尼绕组电感和电阻[1,2]，但是并不适合饱和效应与交叉饱和效应。因此，这种经典方法广泛应用于线性永磁同步电机，但不适用于具有非线性特征的永磁同步电机。永磁磁链可通过专门的开路电压测试进行测量，详见 4.4.3 节。

4.4.3　频率响应法辨识

图 4.17 为频率响应法，测试使用交流电压激励电机，并测量电流响应以确定电机的 *R-L* 阻抗，在直流条件下初步辨识电阻。

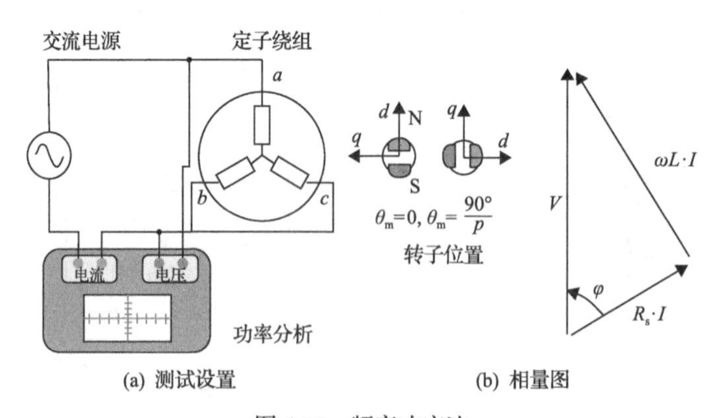

(a) 测试设置　　(b) 相量图

图 4.17　频率响应法

频率响应法测试至少需要使用一个单相功率分析仪或一个示波器。电机电感通过相量分析或测量无功功率 Q 并根据式(4.15)进行计算。相位角 φ 如图 4.17(b)相量图所示。

$$L=\frac{V\cdot\sin\varphi}{I\cdot\omega}=\frac{Q}{3\cdot\omega\cdot I^2} \tag{4.15}$$

当转子锁定在 d 轴、q 轴位置时，可通过式(4.15)计算 d 轴和 q 轴电感。而 d 轴、q 轴位置的获取可通过以下方法实现：在转轴可自由旋转的状态下，通入 d 轴电枢电流，在电磁转矩的作用下，电机转子 d 轴与电枢磁场方向保持一致，从而获得 d 轴位置；锁定转子，q 轴位置即在 d 轴位置超前 90°电流角处。在频率响应法测试期间，在给定输入电压($I=V\Big/\sqrt{R_{\mathrm{s}}^2+(\omega L)^2}$,$L_q>L_d$)下，查看电流幅值最小时转子所处位置，以验证此时的转子 q 轴位置是否正确。这里使用的交流电源是带有线性放大器的信号发生器，交流电由自耦变压器或逆变器提供，若采用逆变器供电，则测量相电压时必须滤波，以消除 PWM 开关谐波的影响。

频率响应法适用于磁场为线性的电机，其交流输入电压的电流响应是正弦的。而该方法不适用于具有非线性特性的电机，这是因为电机磁场饱和会导致电流失真。这里用一个例子说明电流失真的严重程度：在 4.2.5 节和 4.2.6 节中提到的永磁辅助同步磁阻电机的磁链图如图 4.18 所示。在 d 轴上施加交流激励，图 4.18(a)所示的电流响应会产生失真，电流波形近似为三角波。当交流激励施加在其他轴(磁极轴)上时，如图 4.18(b)所示，由于磁链曲线不对称，失真变得更加严重。磁链的急剧变化与转子磁桥结构的去饱和有关，这

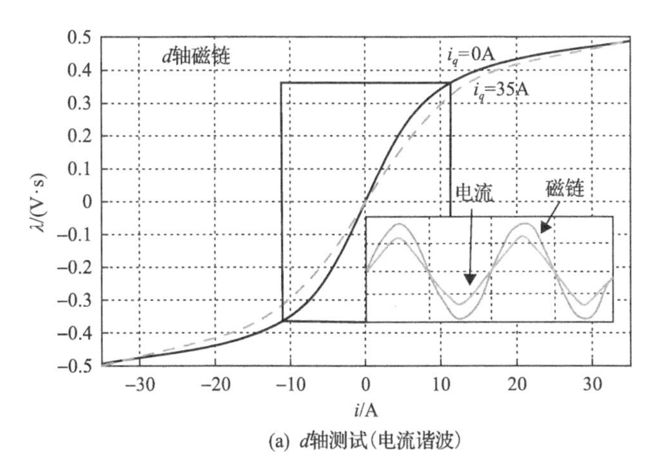

(a) d轴测试(电流谐波)

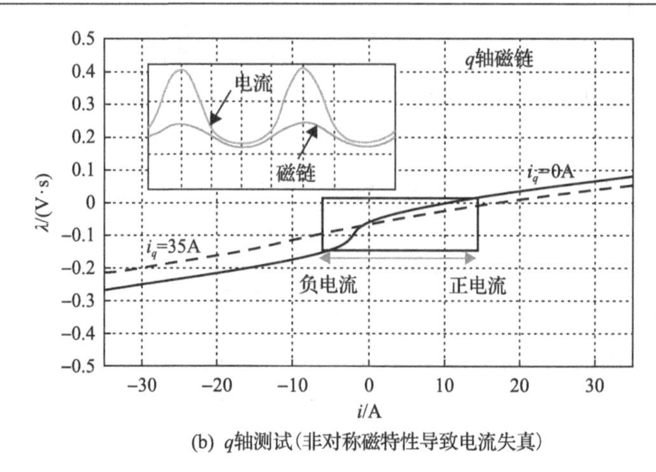

(b) q轴测试(非对称磁特性导致电流失真)

图 4.18　频率响应法辨识永磁辅助同步磁阻电机(图 4.5(c))

一变化出现在小电流值处，并且电流指向永磁磁场方向(即参考坐标系上负 q 轴方向)时。永磁体方向的不对称性也发生在其他类型的内嵌式永磁同步电机上，包括表贴式永磁同步电机。

频率响应法不能估计交叉饱和效应的影响。图 4.18(a)和(b)中的虚线是交轴(q 轴)电流分量取最大值时的 d 轴磁链曲线。交叉饱和效应不能通过仅对电机一个轴方向施加交流激励进行辨识，需要同时对电机的 d 轴、q 轴方向施加激励，详见 4.4.4 节。

4.4.4　时域法辨识

在静止条件下，时域法是频率响应法的替代方法。这两种方法的测试条件相似，电机电枢由如图 4.17 所示的单相电源供电，按三相方式连接，或者连接两相，将第三相开路。施加阶跃电压激励信号，测量并分析电流响应，具体方法详见文献[3]。但是，时域法不能综合考虑磁饱和程度、交叉饱和效应和空间谐波的影响。

4.4.5　永磁磁链辨识

永磁磁链辨识是在开路条件下，由原动机带动电机处于恒速运行，测量开路线(或相)电压和电机速度。如果开路电压是正弦的，则用相电压峰值除以角频率(转速乘以极数 p)，即可得到永磁磁链。当开路电压含有谐波分量时，需提取开路电压的基波分量，然后用基波峰值除以角频率，计算得到永磁磁链。在检测时，线电压或相电压可在不同的相位上重复测量，以检查三相之间是否存在不平衡。永磁磁链与温度有关，因此还需要检测电机绕组温度，可能还要监测转子温度，并且在测试期间必须保持温度稳定。本节提供两种方法：一种方法是在环境温度下快速进行电机测试，可假定此时永磁体与环境温度相同；另一种方法是令电机达到额定稳态运行条件，绕组温度等于额定值，然后快速进行开路测试，从而获得额定工作温度下的永磁磁链。尽管额定工作温度是未知的，但也可获得额定工作温度下的永磁磁链；或者通过有限元分析法估算 λ_{pm} 的温度变化系数，然后在环境温度下测量 λ_{pm}，再在运行条件下估计永磁磁链的工作温度，加以修正。

4.4.6 逆变器辨识

最新的方法通过 d-q 矢量控制辨识电机参数，直接从逆变器的传感器中测量电流，电机电压可以直接测量，或由电流控制器的信号进行估算。这一方法通常需要电机位置信号，而对于各向异性电机还可实现无位置传感器下的参数辨识。

4.4.7 交叉饱和的静止辨识

2003 年，Stumberger 等提出了一种分析交叉饱和影响的方法[6]。该方法令转子锁定，在直轴上施加方波电压，在交轴上施加恒流。转子锁定辨识程序框图如图 4.19 所示，例如，i_d采取闭环控制，则 q 轴上激励电压 v_q 逐渐变化，激励 q 轴磁链，如图 4.20 所示，通过对时间积分计算磁链响应(ss 表示“静止状态下”)：

$$\lambda_{q,\mathrm{ss}}(t)\Big|_{i_d=\mathrm{const}} = \int_0^t \left[v_q(\tau) - R_\mathrm{s} i_q(\tau) \right] \mathrm{d}\tau \tag{4.16}$$

在 i_d=const 下，磁链 λ_q 与电流 i_q 的关系曲线，对应图 4.21 中 i_q 和相应磁链，其中包含由非零 i_d 产生的交叉饱和效应(若存在交叉饱和)。为覆盖整个电机的运行范围，应使用不同的 i_d 值重复进行测试。在每个 i_d 值下，闭环控制 i_q，令 v_d 逐步变化，估算 d 轴磁链。该方法仅能获取电枢磁链，还需将其与开路磁链 λ_{pm} 组合，组成完整的 d 轴磁链模型，即

$$\boldsymbol{\Lambda}_{dq} = \begin{cases} \lambda_{d,\mathrm{ss}}(i_d, i_q) + \lambda_\mathrm{pm} \\ \lambda_{q,\mathrm{ss}}(i_d, i_q) \end{cases} \tag{4.17}$$

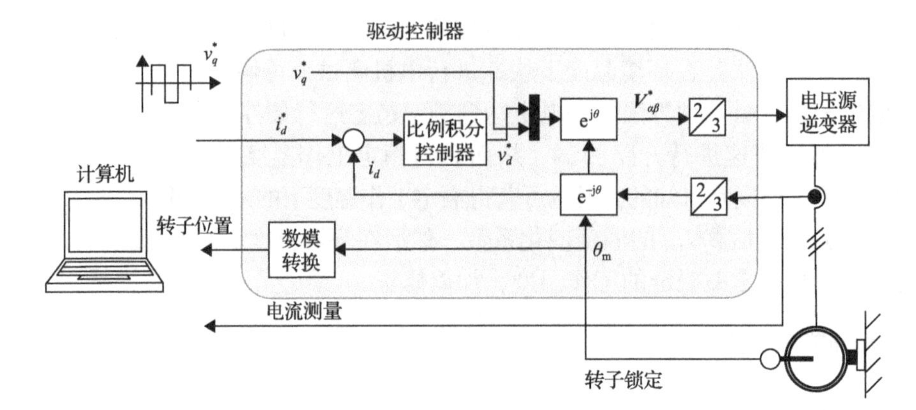

图 4.19　转子锁定辨识程序框图[6]

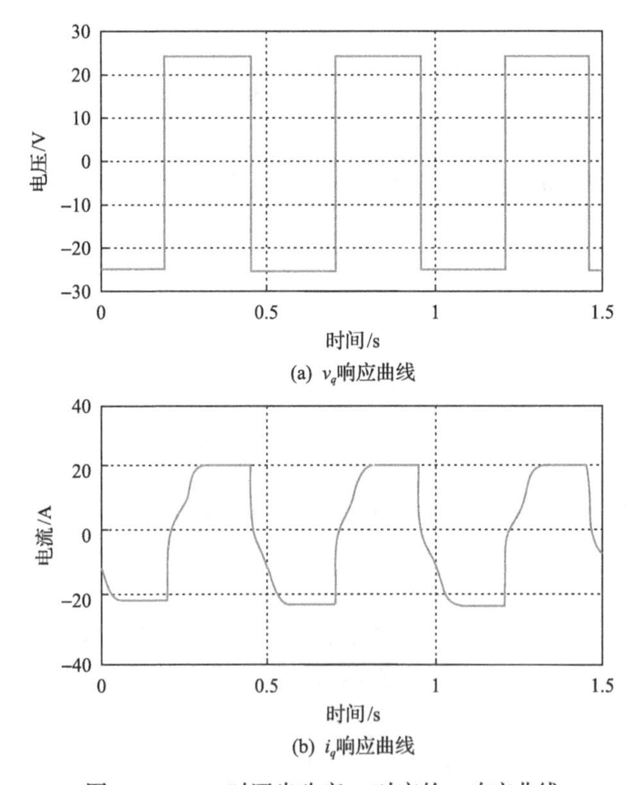

(a) v_q响应曲线

(b) i_q响应曲线

图 4.20　i_d=0 时逐步改变 v_q 对应的 i_q 响应曲线

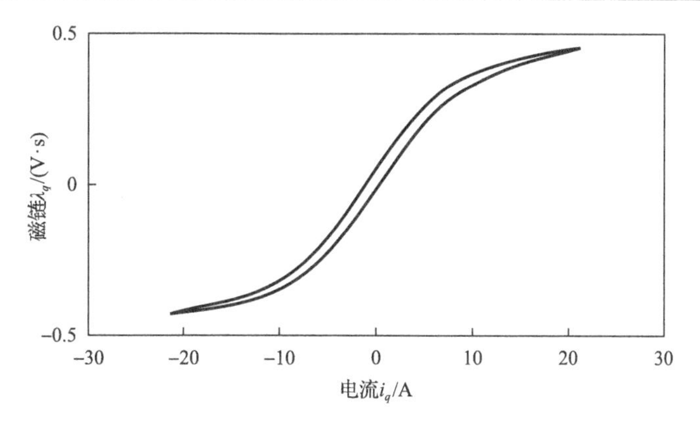

图 4.21　式(4.16)对应的非线性磁链-电流特性曲线

永磁磁链是通过测量恒速开路条件下的电压来估算的，在每次测试循环后，可以很容易地获得电机电阻，因为它是测量的电压阶跃与相应的稳态电流的比值(例如，在图 4.20 中，25V 的电压阶跃产生稳态电流 20A)。可以直接测量或根据控制器信号估算式(4.16)中阶跃变化的电压分量 v_q。在直接测量时，必须对 PWM 开关谐波进行滤波，且根据编码器位置反馈，计算测量电压的 d 轴、q 轴分量，或者若使用电压信号计算 d 轴、q 轴电压，则需要适当补偿逆变器非线性误差(死区时间和器件压降)。如果逆变器电压误差的补偿不精确，则会在图 4.19 及式(4.16)的磁链估算中产生偏差、出现过零点断续的情况。

在正确执行测试程序后，需要对永磁磁链和电枢磁链进行离线叠加处理，并需要测量电压。

4.4.8　恒转速辨识

在文献[7]中，被测电机由原动机拖动恒速旋转。为了不受逆变器电压的限制，工作速度低于电机额定转速，此时可忽略铁损。被测电机采用 d 轴、q 轴电流控制，并在整个 i_d、i_q 工作范围内测量相电流和相电压，根据反馈的转子位置进行离线控制，从而确定 d 轴、q 轴分量，如图 4.22 所示。

在稳态时，磁链按式(4.18)进行计算：

$$\begin{cases} \lambda_d = \dfrac{v_q - R_s i_q}{\omega} \\ \lambda_q = -\dfrac{v_d - R_s i_d}{\omega} \end{cases} \tag{4.18}$$

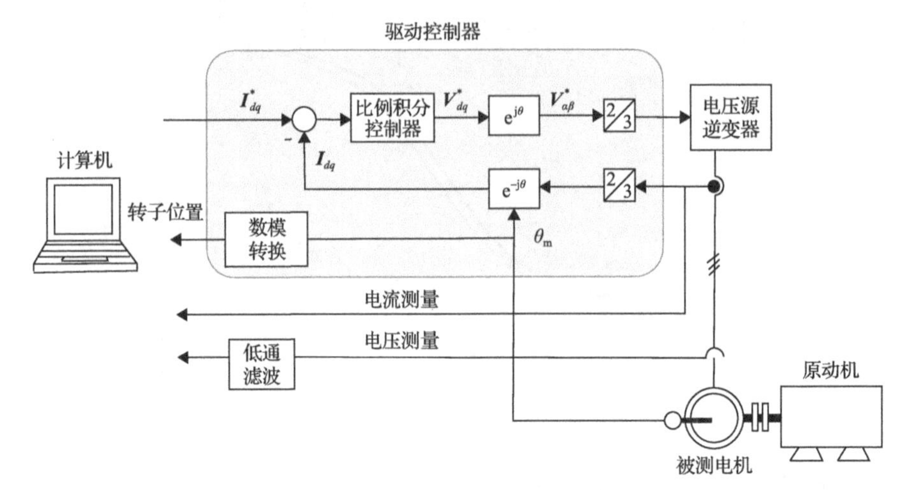

图 4.22　运行条件下辨识程序框图[7]

记录并处理电流、电压和位置信号，根据式(4.18)计算得到准确的磁链。在整个运行范围内，重复测量多组 i_d、i_q，并填入磁链表：

$$\Lambda_{dq}=\begin{cases}\lambda_d\left(i_d,i_q\right)\\ \lambda_q\left(i_d,i_q\right)\end{cases} \tag{4.19}$$

这种辨识方法的重点是使用非标准硬件设备，包括 PWM 电压的测量和非常规离线数据的处理。测量电压需要进行低通滤波，以减少 PWM 开关谐波。随后，对电压信号和电流信号进行快速傅里叶变换(fast Fourier transform, FFT)，获得基波分量的幅值和相位，并补偿低通滤波对电压基波信号的影响。相电流、相电压的基波以及 d 轴、q 轴分量波形如图 4.23 所示。

4.4.9　无需电压测量的辨识

图 4.24 所示的辨识方法不需要电压传感器[8]，使用稳态电压方程(4.18)计算磁链，简化了离线数据的处理过程。

代替 FFT，d 轴、q 轴电压和电流信号在电机旋转中取平均值，对于转子 d-q 坐标，所有谐波都具有转子机械频率倍数的周期性特征，如磁势谐波、逆变器电压误差、转子偏心率、位置传感器偏心等。因此，利用 d 轴、q 轴分量平均值提取基波来代替 FFT，对时间取平均值可由电压源逆变器微控制器在线执行。此外，通过将对称运行的电动数据和制动测试数据结合，利用式(4.18)可消除定子电阻电压。

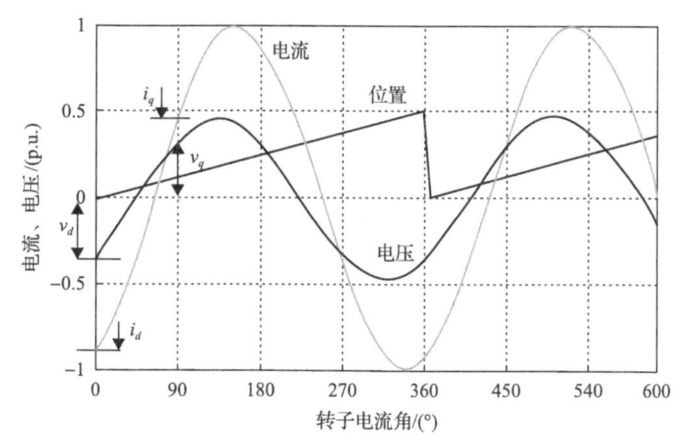

图 4.23　相电流、相电压的基波以及 d 轴、q 轴分量波形

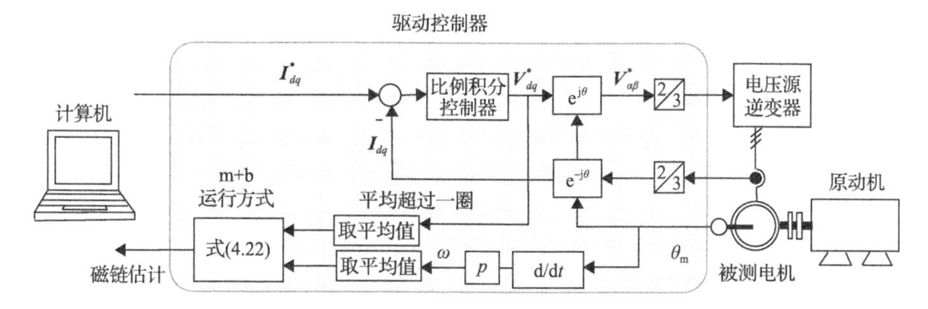

图 4.24　依次进行电机和制动运行测试在恒速下的参数辨识

首先，电动运行，将电流矢量组成闭环控制，产生磁链；然后，制动运行，重复上述过程，两次运行结果形成复共轭电流矢量与复共轭磁链的对应关系如下：

$$\boldsymbol{I}_{dq,\mathrm{m}} = i_d + \mathrm{j}\cdot i_q \to \boldsymbol{\Lambda}_{dq,\mathrm{m}} = \lambda_d + \mathrm{j}\cdot\lambda_q \tag{4.20}$$

$$\boldsymbol{I}_{dq,\mathrm{b}} = i_d - \mathrm{j}\cdot i_q = \tilde{\boldsymbol{I}}_{dq,\mathrm{m}} \to \boldsymbol{\Lambda}_{dq,\mathrm{b}} = \lambda_d - \mathrm{j}\cdot\lambda_q = \tilde{\boldsymbol{\Lambda}}_{dq,\mathrm{m}} \tag{4.21}$$

在恒定正转速下，正 q 轴电流时电机电动运行，用下标“m”表示，而复共轭条件代表制动运行，用下标“b”表示，波浪线符号代表复共轭。每一组 i_d、i_q 交替进行“m”和“b”测试，并将对应的结果组合在一起。

在电动运行“m”和制动运行“b”测试之后，使用电压方程(4.18)，所有 d 轴、q 轴分量都对时间取平均值。在两次测试中，假设转速恒定，经过简单的处理就可从式(4.18)中消除定子电阻电压，有

$$\boldsymbol{\Lambda}_{dq,\mathrm{m}}=\frac{\boldsymbol{V}_{dq,\mathrm{m}}+\tilde{\boldsymbol{V}}_{dq,\mathrm{b}}}{2}\cdot\frac{1}{\mathrm{j}\omega} \tag{4.22}$$

消去电阻项，可以使温度变化对等效电阻 R_s 产生影响的辨识方法具有更优的鲁棒性，将式(4.22)用标量进行描述，有

$$\begin{cases}\lambda_d=\dfrac{v_{q,\mathrm{m}}+v_{q,\mathrm{b}}}{2}\cdot\dfrac{1}{\omega}\\ \lambda_q=\dfrac{v_{d,\mathrm{m}}+v_{d,\mathrm{b}}}{2}\cdot\dfrac{1}{\omega}\end{cases} \tag{4.23}$$

图 4.25 是电动和制动运行测试下电机矢量控制示意图，以此说明对电阻压降补偿的依据。此外，“m+b” 方法还可以消除逆变器电压失真，只是需要对 PWM 开关谐波进行滤波测量电压。根据式(4.23)的相同原理，可以使用给定电压信号代替测量值。简要地说，将电压误差引入逆变器，有[24]

$$\boldsymbol{V}_{dq}=\boldsymbol{V}_{dq}^{*}+\Delta\boldsymbol{V}_{dq}=\boldsymbol{V}_{dq}^{*}+k\cdot\mathrm{sign}\left(\boldsymbol{I}_{abc}\right)+R_d\boldsymbol{I}_{dq} \tag{4.24}$$

式中，R_d 表示功率器件的等效电阻(续流二极管和开关管电阻的平均值)；$\boldsymbol{I}_{abc}$ 表示电机 a、b、c 相的电流矢量；k 表示常系数。

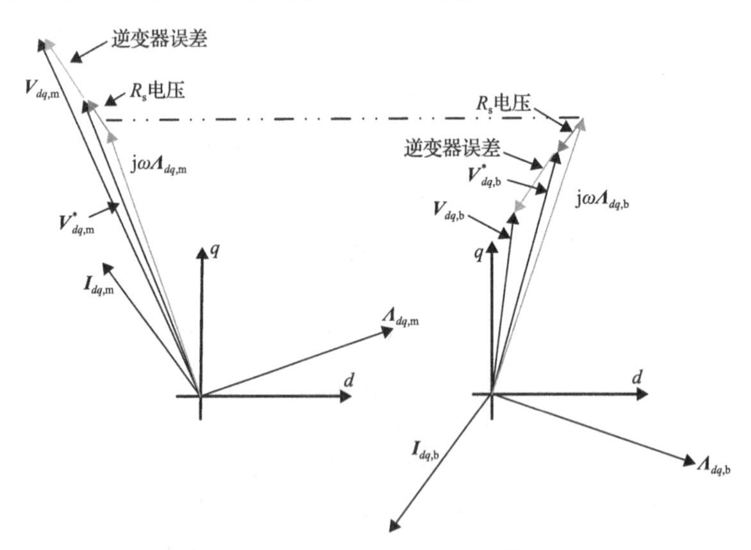

图 4.25　电动和制动运行测试下电机和逆变器等效电阻的误差补偿

如同定子电阻压降的抵消，电动运行和制动运行测试的组合也可补偿逆变器的误差影响。同样地，由式(4.23)进行磁链估计所需的“m+b”电压矢量，可以通过测量或给定控制信号获得，这样并不会影响准确性：

$$\frac{\boldsymbol{V}_{dq,\mathrm{m}}^{*}+\tilde{\boldsymbol{V}}_{dq,\mathrm{b}}^{*}}{2}=\frac{\boldsymbol{V}_{dq,\mathrm{m}}+\boldsymbol{V}_{dq,\mathrm{b}}^{*}}{2} \tag{4.25}$$

为补偿非线性算子 sign($\boldsymbol{I}_{abc}$)引入的六次谐波失真，将所有信号都以大于电周期的 1/6 或整数倍进行平均值计算，则式(4.25)成立。将式(4.25)代入式(4.23)，可得磁链为

$$\begin{cases}\lambda_d=\dfrac{v_{q,\mathrm{m}}^{*}+v_{q,\mathrm{b}}^{*}}{2}\cdot\dfrac{1}{\omega}\\[2ex]\lambda_q=\dfrac{v_{d,\mathrm{m}}^{*}-v_{d,\mathrm{b}}^{*}}{2}\cdot\dfrac{1}{\omega}\end{cases} \tag{4.26}$$

如前所述，所有变量必须在一次机械旋转中(即电周期 1/6 的整数倍)取时间平均值，此时不需要进行死区补偿。图 4.26 是一个测试周期 d 轴、q 轴电压的给定波形和测量波形。波形上按谐波时间的平均值(来自空间谐波和其他噪声源)进行滤波。

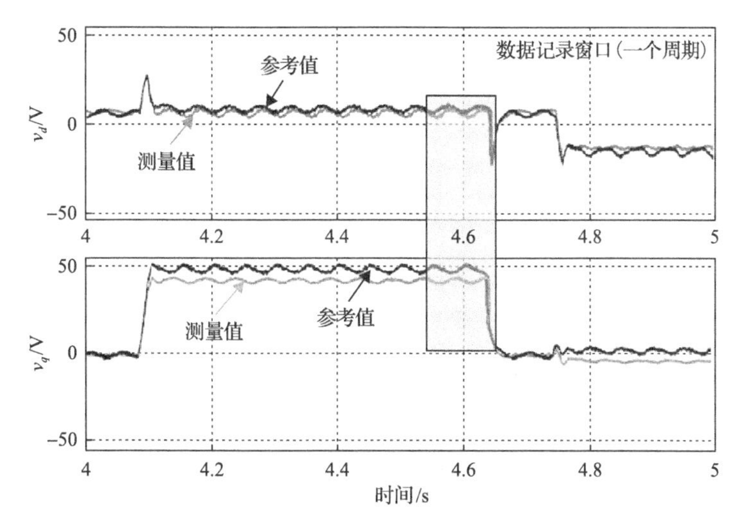

图 4.26　一个测试周期 d 轴、q 轴电压的给定波形和测量波形[8]

4.4.10　自辨识方法

自辨识方法对终端用户和驱动器制造商都非常有用，可以用来控制第三方设计的电机。可靠的感应电机和正弦波永磁同步电机的自辨识方法很多。而能实现弱调升速功能的凸极永磁同步电机和表贴式永磁同步电机辨识方法仍然是研究热点。4.4.11 节给出两种既不需要特定的测试设备，也不需要标准永磁同步电机驱动器增加其他额外检测元件，就能快速辨识现场模型的方法。

4.4.11　旋转状态下的自辨识

文献[9]使用的磁链模型自辨识（magnetic model self-identification, MMSI）技术，也是基于被测电机采用电流控制，测试期间转轴可以自由旋转。电机由同一台电压源逆变器驱动，测试过程包括给定 d 轴、q 轴电流设定值，实现电机正反转运行，由于 d 轴、q 轴磁链图的辨识是在短时间内完成的，所以忽略永磁体温度的变化，图 4.27 为旋转状态下磁链模型自辨识原理框图。

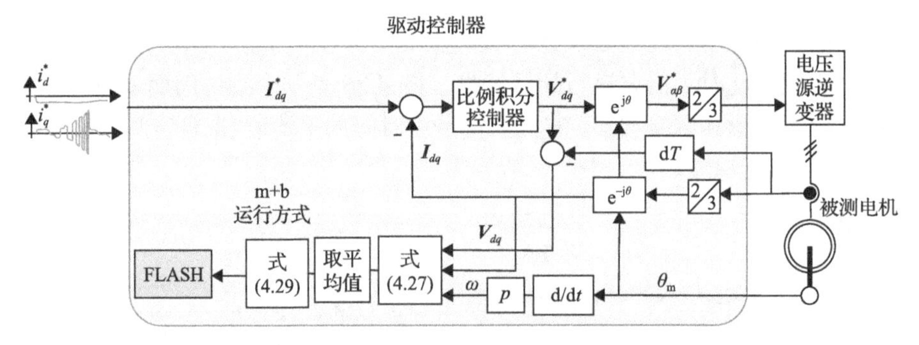

图 4.27　旋转状态下磁链模型自辨识原理框图

首先，确保被测电机的转轴没有带任何非惯性负载。从静止状态开始，给出设定电流（i_d^*, i_q^*）到电流矢量控制器，电机加速，当电流（i_d, i_q）保持不变时，电磁转矩恒定，电机以恒加速度起动，转速曲线为一条斜线。在此期间，d 轴、q 轴磁链矢量是稳态值，可根据 d 轴、q 轴坐标下的反电动势进行估算。假设 d 轴、q 轴磁链恒定，磁链导数为零，则式（4.1）变为

$$\boldsymbol{V}_{dq} = R_s \boldsymbol{I}_{dq} + \frac{\mathrm{d}\boldsymbol{\Lambda}_{dq}}{\mathrm{d}t} + \mathrm{j}\omega\boldsymbol{\Lambda}_{dq} = R_s \boldsymbol{I}_{dq} + \mathrm{j}\omega(t)\cdot\boldsymbol{\Lambda}_{dq} \tag{4.27}$$

其中 $\omega(t)$ 表示在测试期间电角速度是变化的。通过简单的公式可从 d 轴、q 轴

坐标中的电机端电压和电流估计磁链：

$$\begin{cases} \lambda_d = \dfrac{v_q(t) - R_s i_q}{\omega(t)} \\ \lambda_q = -\dfrac{v_d(t) - R_s i_d}{\omega(t)} \end{cases} \tag{4.28}$$

在精确补偿逆变器误差分量后，位置信号来自转子位置传感器，电压矢量来自电压的给定值[24,25]。此外，测试之前还必须知道定子电阻，以便电机运行过程中，将当前电机温度下正确的 R_s 值代入式(4.28)。整个 MMSI 过程仅需要 1min，所以无须考虑此期间的温度漂移问题。

图 4.28 为 4.2.5 节中表贴式永磁同步电机的一组 i_d、i_q 电流值。i_d 初值设为−100A，i_q 从 10A 开始，电机每次到达设定转速就开始反向运行，然后逐渐增加 i_q 值(每次增加 10A)，i_q 最终值为 100A。这里采用 4.4.8 节提到的电动和制动(m 和 b)两次运行原理，电机先在电流(i_d, i_q)作用下加速，然后在共轭电流(i_d, $-i_q$)作用下电机减速。两个稳态矢量图如图 4.28(a)所示。图 4.28(b)对应速度曲线，阴影部分为 500～1500r/min 速度区间。根据式(4.28)，利用整个采样周期内的数值估算磁链。最后，按式(4.28)对速度窗口内的采样值，

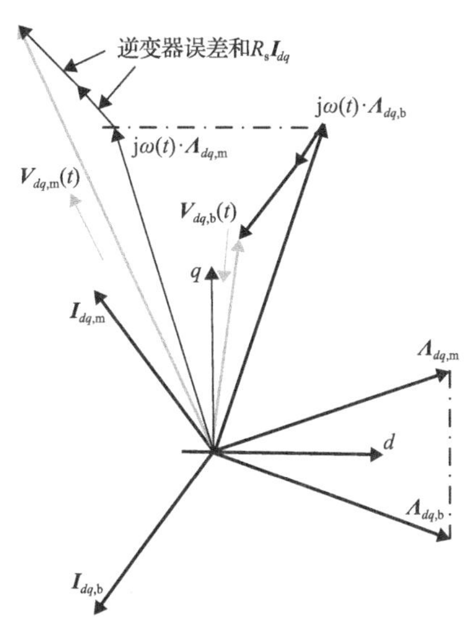

(a) “m”和“b”条件下的稳态矢量图

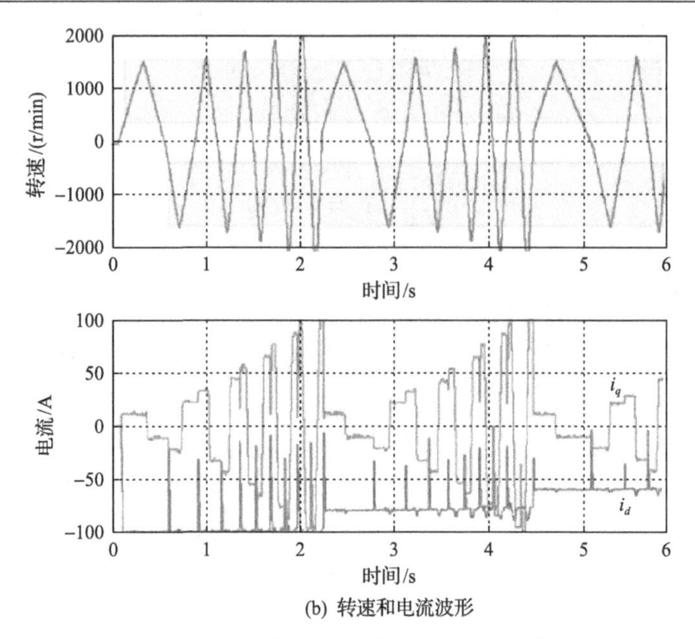

(b) 转速和电流波形

图 4.28　表贴式永磁同步电机矢量图及转速、自辨识电流曲线

以及对应的 i_d、i_q，估算电机电动运行“m”时 d 轴、q 轴磁链。在减速期间，通过式(4.28)第二次估计磁链，在相同的速度窗口内，进行累加和平均值计算，从而估算出电机制动运行“b”时的磁链。在速度范围内，速度窗口选择低于额定转速以下，反电动势对于积分得到磁链非常重要。在完成(i_d, i_q)和$(i_d, -i_q)$两次测试后，根据式(4.29)对“m”和“b”磁链估算进行平均，即标量表达式(4.30)：

$$\Lambda_{dq} = \frac{\Lambda_{dq,\mathrm{m}} + \tilde{\Lambda}_{dq,\mathrm{b}}}{2} \tag{4.29}$$

$$\lambda_d = \frac{\lambda_{d,\mathrm{m}} + \lambda_{d,\mathrm{b}}}{2}, \quad \lambda_q = \frac{\lambda_{q,\mathrm{m}} - \lambda_{q,\mathrm{b}}}{2} \tag{4.30}$$

电动-制动运行数据的平均值处理，降低了电机电压估计值和串联电阻的残余无补偿误差的影响。交替进行正反向运行的测试，可有效纠正编码器偏移引起的误差问题。一旦 i_q 从 10A 循环到 100A，i_d 设定值切换到下一个设定值−80A(电流值间隔为 20A)，i_q 从 10A 重新开始，以此类推，直至 i_d 电流为 0，测试结束。

4.4.12　静止状态下的自辨识

文献[10]提供了静止状态下内嵌式永磁同步电机转子在某一位置锁定和未锁定两种情况下的辨识方法。通过对逆变器的电流进行控制，在电机的 d 轴和 q 轴上注入具有直流偏置的交流信号，交流信号的频率等于电机的额定工作频率，因而处在电流控制器的带宽范围内。此方法不需要原动机或特殊的测量设备，可以辨识考虑磁饱和与交叉耦合效应的完整磁链模型，图 4.29 为静止状态下直流偏压和低频交流注入法的辨识原理框图。

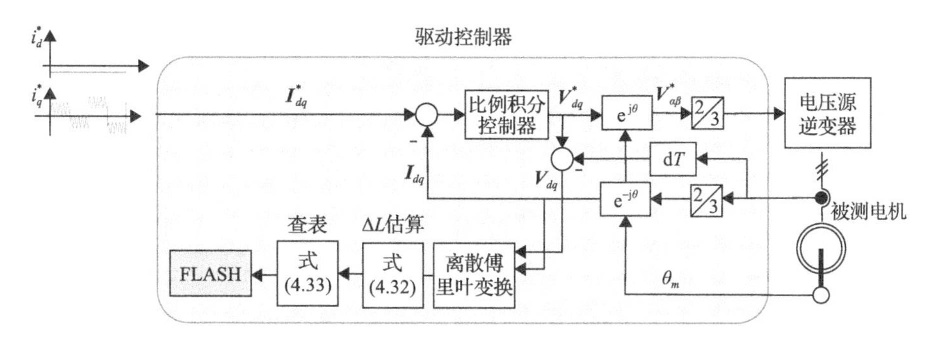

图 4.29　静止状态下直流偏压和低频交流注入法的辨识原理框图

在电机某一轴上(例如 d 轴)施加带直流偏置的交流测试电流，保持另一个轴电流分量恒定($i_q = I_q$)，则电流信号和电压信号分别为

$$
\begin{aligned}
i_d &= I_{\text{dc}} + i_{\text{ac}} \cdot \sin\left(\omega_{\text{ac}} t\right) \\
v_d &= V_{\text{dc}} + v_{\text{ac}} \cdot \sin\left(\omega_{\text{ac}} t + \varphi\right)
\end{aligned} \tag{4.31}
$$

式中，i_{ac} 表示施加测试电流交流分量最大值；v_{ac} 表示测试电压的交流分量最大值；ω_{ac} 表示施加交流电的电角频率；I_{dc} 表示测试电流信号的直流分量；V_{dc} 表示测试电压信号的直流分量。

文献[10]中的供电频率为 100Hz，从交流分量中可以得到增量阻抗和增量电感分别为

$$
\begin{aligned}
Z_d\left(I_d, I_q\right) &= \frac{v_{\text{ac}}}{i_{\text{ac}}} \\
\Delta L\left(I_d, I_q\right) &= \frac{Z_d \sin\varphi}{\omega_{\text{ac}}}
\end{aligned} \tag{4.32}
$$

在对 d 轴和 q 轴电流的全范围进行重复测试后，对磁链-电流进行线性化处理，其斜率等于增量电感。例如，在保持给定 q 轴电流不变的情况下，得到 d 轴磁链曲线如下：

$$\lambda_d^{(n)} = \lambda_d^{(n-1)} + \Delta L_d^{(n)} \cdot \Delta i_d^{(n)} \tag{4.33}$$

式中，n 是对直流偏置电压持续进行计数的整数；Δi_d 是 d 轴测试中两个连续的直流偏置电压之间的差值。

使用式(4.33)先对所有交轴电流 I_q 的值重复进行离散积分，以便构建所有的 d 轴磁链曲线，然后对 q 轴磁链重复进行计算，二者表达式相似。测试也可以在转子未锁定的情况下运行，在这种情况下，q 轴(产生励磁转矩)的直流分量为频率 10Hz 的方波，以避免转子转动，如图 4.30 所示。

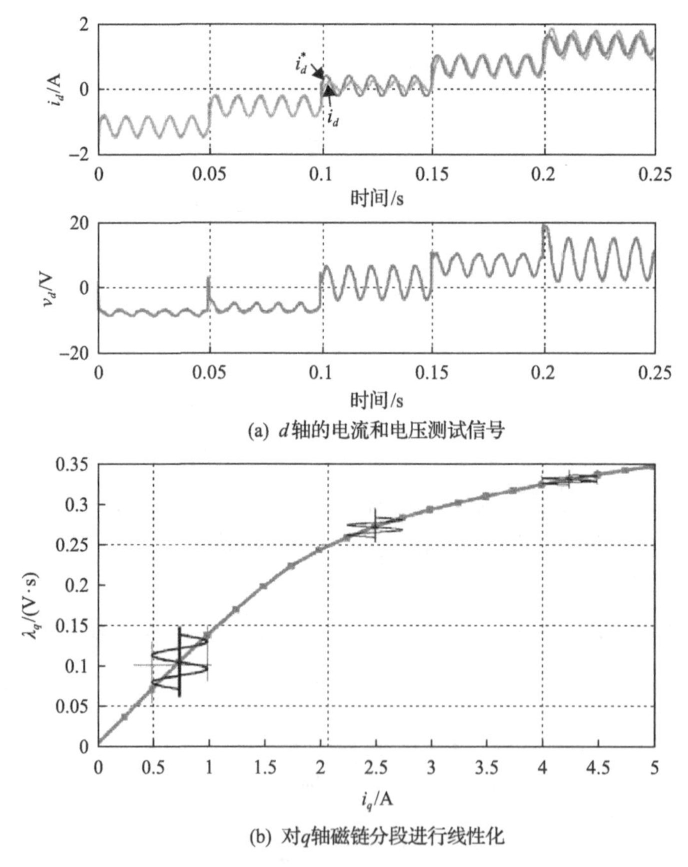

图 4.30 直流偏置下交流检测

4.5 本章小结

在处理具有非线性磁场特征的永磁同步电机时，辨识和处理磁链曲线非常重要。通用的 d 轴、q 轴电感模型不够明确，并且容易出现奇点，尤其是对于同步磁阻电机和永磁辅助同步磁阻电机，这是因为它们具有明显的非线性特征。本章回顾了用于永磁同步电机磁链图的辨识方法，其中包括最近用于自辨识的技术。这种基于转轴不锁定状态下加速-减速循环或转轴锁定状态下电机的混合直流和交流励磁的自动化技术，有望使磁链辨识更加自动化，不久的将来也会受到更多的关注。本章给出了在电机设计和控制中使用磁链的实例，该领域的研究人员面临的一大挑战是使无编码器自辨识更可靠、更标准化、对用户更友好。

非常感谢沙菲克·奥塔诺博士和拉杜·博若伊教授就本章的主题进行了宝贵和启发性的讨论，并慷慨地提供了 4.4.7 节和 4.4.12 节中的实验数据。

参考文献

[1] IEEE Standard Procedures for Obtaining Synchronous Machine Parameters by Standstill Frequency Response Testing (Supplement to ANSI/IEEE Std 115-1983, IEEE Guide: Test Procedures for Synchronous Machines), IEEE Std 115A-1987 (1987)

[2] IEEE Draft Trial-Use Guide for Testing Permanent Magnet Machines. IEEE P1812/D2, Jan 2013, pp. 1-81, 22 Feb 2013

[3] Boje, E.-Y., Balda, J., Harley, R., Beck, R.: Time-domain identification of synchronous machine parameters from simple standstill tests. IEEE Trans. Energy Convers. 5(1), 164-175 (1990)

[4] Nee, H.-P, Lefevre, L., Thelin, P., Soulard, J.: Determination of d and q reactances of permanent-magnet synchronous motors without measurements of the rotor position. IEEE Trans. Ind. Appl. 36(5), 1330-1335 (2000)

[5] Gieras, J.F.: Permanent magnet motor technology: design and applications. CRC Press (2002)

[6] Stumberger, B., Stumberger, G., Dolinar, D., Hamler, A., Trlep, M.: Evaluation of saturation and cross-magnetization effects in interior permanent-magnet synchronous motor. IEEE Trans. Ind. Appl. 39(5), 1264-1271 (2003)

[7] Rahman, K., Hiti, S.: Identification of machine parameters of a synchronous motor. IEEE

Trans. Ind. Appl. 41 (2), 557-565 (2005)

[8] Armando, E., Bojoi, R., Guglielmi, P., Pellegrino, G., Pastorelli, M.: Experimental methods for synchronous machines evaluation by an accurate magnetic model identification. In: 2011 IEEE Energy Conversion Congress and Exposition (ECCE). pp. 1744-1749, 17-22 Sept 2011

[9] Pellegrino, G., Boazzo, B., Jahns, T.M.: Magnetic model self-identification for PM synchronous machine drives. IEEE Trans. Ind. Appl. 51 (3), 2246-2254 (2015)

[10] Odhano, S.A., Bojoi, R., Rosu, S.G., Tenconi, A.: Identification of the magnetic model of permanent magnet synchronous machines using DC-biased low frequency AC signal injection. 2014 IEEE Energy Conversion Congress and Exposition (ECCE), pp. 1722-1728, 14-18 Sept 2014

[11] Soong, W.L., Miller, T.J.E.: Field-weakening performance of brushless synchronous AC motor drives. In: IEE Proceedings on Electric Power Application, Nov 1994. vol. 141, Issue 6, pp. 331-340 (1994)

[12] Reddy, P.B., EL-Refaie, A.M., Huh, K.-K., Tangudu, J.K., Jahns, T.M.: Comparison of interior and surface PM machines equipped with fractional-slot concentrated windings for hybrid traction applications. IEEE Trans. Energy Convers. 27, 593-602 (2012)

[13] Pellegrino, G., Armando, E., Guglielmi, P.: Direct flux field-oriented control of IPM drives with variable DC link in the field-weakening region. IEEE Trans. Ind. Appl. 45 (5), 1619-1627 (2009)

[14] Bianchi, N., Bolognani, S.: Magnetic models of saturated interior permanent magnet motors based on finite element analysis. In: IEEE Industry Applications Conference IAS 1998, Oct 1998, pp. 27-34 (1998)

[15] Bianchi, N.: Electrical machine analysis using finite elements. CRC Press (2005)

[16] Yamamoto, S., Ara, T., Matsuse, K.: A method to calculate transient characteristics of synchronous reluctance motors considering iron loss and cross-magnetic saturation. IEEE Trans. Ind. Appl. 43 (1), 47-56 (2007)

[17] Krishnan, R., Vijayraghavan, P.: Fast estimation and compensation of rotor flux linkage in permanent magnet synchronous machines. In: Proceedings of the IEEE International Symposium on Industrial Electronics, 1999, ISIE '99. vol. 2, pp. 661-666 (1999)

[18] Magnet by Infolytica. http://www.infolytica.com/. Accessed 20 Dec 2015

[19] http://www.ansys.com/. Accessed 20 Dec 2015

[20] http://www.comsol.com/. Accessed 20 Dec 2015

[21] http://www.cedrat.com/. Accessed 20 Dec 2015
[22] Meeker, D.: Finite Element Method Magnetics (FEMM). http://femm.foster-miller.net. Accessed 10 Nov 2015
[23] GetDP: A general environment for the treatment of discrete problems. http://onelab.info/wiki/GetDP. Accessed 20 Dec 2015
[24] Holtz, J., Quan, J.: Sensorless vector control of induction motors at very low speed using a nonlinear inverter model and parameter identification. IEEE Trans. Ind. Appl. 38 (4), 1087-1095 (2002)
[25] Pellegrino, G., Bojoi, R.I., Guglielmi, P., Cupertino, F.: Accurate inverter error compensation and related self-commissioning scheme in sensorless induction motor drives. IEEE Trans. Ind. Appl. 46 (5), 1970-1978 (2010)

第5章　同步磁阻电机的自动化设计

弗朗西斯科·库比蒂诺

尽管过去二十年来在同步磁阻电机设计领域开展了大量的研究工作，并且最近电机制造商开始生产商用化产品，但同步磁阻电机设计的标准规范尚未建立。同步磁阻电机与标准感应电机定子结构类似，但其转子几何形状与传统转子结构不同，具有多层磁障。在磁障层数、磁障形状和尺寸方面都有多种选择。本章的一个主要目的是证明电机几何形状的哪些参数会影响性能，哪些参数不会影响性能。减少需要选择的参数集可以简化设计过程，利用优化算法，即便在设计过程中结合耗时的有限元分析，也可以实现同步磁阻电机的自动化设计。没有经验的设计人员，也可以使用该简化方法设计同步磁阻电机，并且可以简化逆变器驱动的同步磁阻电机设计技术的开发过程。

5.1　同步磁阻电机的结构参数

5.1.1　定子参数

定子槽数在定子参数中起关键作用，增加定子槽数可以改善平均转矩、转矩脉动和散热，但代价是绕组结构更加复杂，定子齿结构强度降低。同步磁阻电机不太适合采用分数槽绕组或齿绕组，因为这种结构会使得电机磁势分布含高次谐波和次谐波[1]。

图 5.1 为 12 槽电机定子铁心立体图及结构参数定义，其中，定义裂比 x 为转子半径 r 与定子半径 R 之比，即 $x=r/R$，它是转矩优化中的重要参数之一。最佳齿长和齿宽取决于裂比的大小、叠压的加工质量以及磁场饱和程度。4 极电机($p=2$)的最佳裂比 x 为 0.5～0.65，极数较多的电机通常转子直径也较大，裂比 x 增大到 0.7～0.8。最后，减小槽的开口可以改善气隙磁通分布，但是漏磁通会增加。

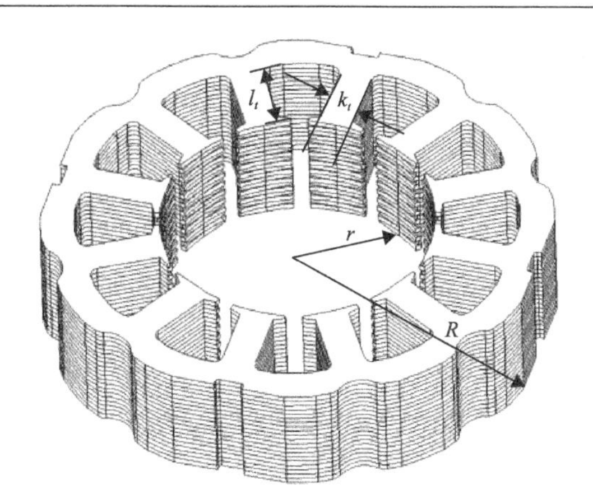

图 5.1　12 槽电机定子铁心立体图及结构参数定义

l_t：槽深；k_t：齿宽

5.1.2　转子参数

转子参数设计是同步磁阻电机设计中最有争议和最缺少标准的部分，磁障的层数、形状和尺寸可以有许多不同的组合。与类似尺寸的普通感应电机相比，拙劣的转子设计很容易获得满足所需平均转矩的电机，但其转矩脉动是无法接受的。Gamba 等[1]和 Vagati[2,3]设计了一种早期被普遍认可的转子结构，旨在减少电机的转矩脉动。Vagati 等[4]提出若每个极下等效定子槽数为 n_s、转子槽数为 n_r，建议选择 $n_s-n_r=\pm4$，应避免出现 $n_s-n_r=0$ 或 $n_s-n_r=2$ 的情况。

转子磁障层应均匀地分布在气隙处，并具有恒定的磁导，这就意味着，若磁障层厚度固定，则磁障层厚度与长度之比也固定。然后，最靠近气隙的磁障，也是最后一对转子槽的磁障会更短、更薄。通常从转子上去掉这个磁障层，对气隙磁通的分布和电机性能几乎没有影响。遗憾的是，针对同步磁阻电机专门化的市场需求，早期的研究工作并没有给出很多关于磁障形状和参数的设计，需要有经验的设计师进行设计。相关研究提出了更简单的转子几何形状，其中转子磁障由多段直线或圆弧组成[5-7]。考虑用最小参数集描述转子磁障层的几何形状，常用转子结构有三种：圆形磁障、分段形磁障和流线形磁障。

1. 圆形磁障

Kamper 等提出了一种简单的转子结构，其转子磁障的结合形状是圆弧形[7]，圆弧线的圆心是同一个点，各磁障层厚度、导磁层厚度相等，如图 5.2 所示。选择同一个圆心，可以令最大的磁障层圆弧与转子圆周上每个磁极端点处垂直，第 i 个转子磁障层可以用气隙处的角位置 $\Delta\alpha_i$ 及其厚度 h_{ci} 定义。第一个磁障层的角位置对应从转子磁极中心点开始到第一个磁障层中心线，其他磁障层角位置对应相邻两个磁障层中心线之间的夹角，这里角位置用标幺值表示，即每单位角度，标幺值的基值是半个极距角度，对应 1p.u.。

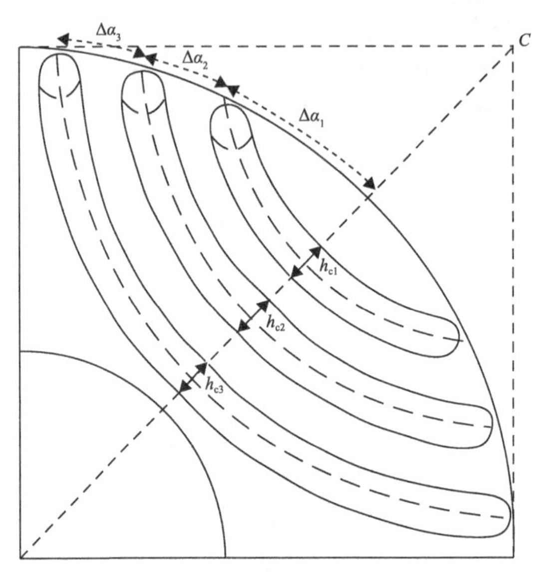

图 5.2　圆形磁障的结构和参数定义

同样，磁障层厚度也用标幺值来表示，为保证电机转子结构的机械可行性，且避免磁障层重叠，通常需要限定导磁层的最小厚度。磁障层厚度标幺值为 1，表示沿电机转子径向方向，在转子铁心上，除最小导磁层厚度以外，全部都是磁障。当标幺值变化时，例如 0.2p.u.，表示磁障层厚度是 1p.u.时磁障层厚度的 20%，且各磁障层厚度相等，以此类推，其他情况也是一样。

2. 分段形磁障

图 5.3 为分段形磁障的结构和参数定义。参照圆形磁障，磁障端部位置与圆形磁障相同，磁障层的厚度同样是固定的。在计算磁障层厚度时，先按照圆形磁障计算导磁层厚度，再将其用于多段直线组成的磁障层。转子最外层磁障厚度为 h_{c1}，磁障层形状是直线，磁障端部是半圆形。从第二个磁障层开始分为多段直线，保证转子的磁障层和导磁层的厚度分布，参考圆形磁障的计算方法。

为保证制造公差和转子结构的完整性，需保证所有的导磁层和切向磁桥的最小铁磁性材料厚度。转子设计之后就可以通过真正的离心力有限元分析，或 5.1.4 节中提出的简化分析，验证承受的最大应力值。比较使用相同的磁障角位置 $\Delta\alpha_i$ 和厚度 h_{ci} 的圆形磁障和分段形磁障的机械应力，由于多段磁障的叠片外围铁磁性材料更少，所以能够承受更大的离心力。

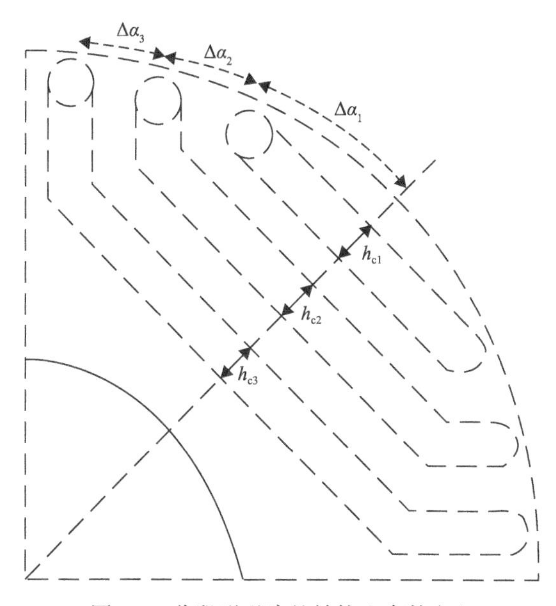

图 5.3　分段形磁障的结构和参数定义

分段形磁障几何结构的另一个优点是转子磁障的直线部分更便于嵌入烧结永磁体中。

3. 流线形磁障

图 5.4 为虚拟实心转子中的磁力线，在转子内部闭合磁力线，可由共形映射理论和库塔-儒可夫斯基(Joukowski)气体位势流公式得出[8,9]。该公式最初用于描述有两个夹角为 π/p 的无限平面，中间有以参考坐标原点为中心、半径为 a 的圆柱体，所引导形成的流体流动路径，这里用它来描述转子磁障层的几何形状[10]，并用没有铁磁性的转轴代替中央的圆柱体。

在极坐标中，磁力线的方程为

$$r(\theta,C)=a\cdot\sqrt[p]{\frac{C+\sqrt{C^2+4\sin^2(p\theta)}}{2\sin(p\theta)}},\quad 0\leqslant\theta\leqslant\frac{\pi}{p} \tag{5.1}$$

式中，r 和 θ(半径和极角)是平面每个点的极坐标；p 是电机的极数；a 是轴半径；C 是对应每条磁力线的常数，定义为

$$C=\sin\left(p\theta\right)\cdot\frac{\left(\dfrac{r}{a}\right)^{2p}-1}{\left(\dfrac{r}{a}\right)^{p}} \tag{5.2}$$

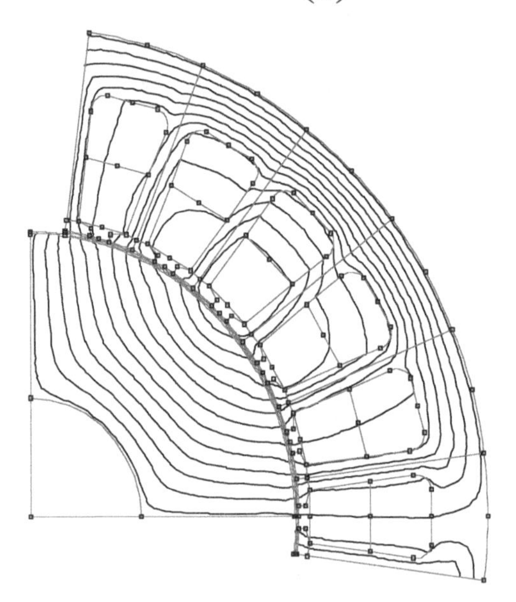

图 5.4　虚拟实心转子中的磁力线

例如，选择与气隙相交于点 E_i 处的磁力线，点 E_i 的极坐标为 (r_i, θ_i)，在气隙中的角位移为 α_i。C_i 的对应值由式(5.2)确定，并通过式(5.1)定义磁力线方程，如图 5.5 所示。

内外两个边界线将每个磁障层按 h_{ci} 分割(沿 q 轴方向)，气隙点 E_i 位于两者之间，则转子参数将类似于前面提到的圆形磁障和分段形磁障，每个磁障仅用两个参数进行定义，同样也用标幺值表示气隙位置 $\Delta\alpha_i$ 和磁障层厚度 h_{ci}。还可以增加额外的自由度 Δx_i，表示磁障层相对于由气隙点 E_i 定义磁力线的偏移量，表示边界线以恒定间隔 h_{ci} 向气隙或向轴心方向平移。偏移量 Δx_i 的变化范围为[−1,1]，其中 $\Delta x_i = -1$(或 $\Delta x_i = +1$)表示内(外)边界线与气隙点交于 E_i，$\Delta x_i = 0$ 表示 E_i 处于磁障的中间位置。

如图 5.6 所示，考虑转子结构的修正，每个磁障增加的第三个参数允许单

独选择导磁层和磁障层的厚度，并且更好地利用转子结构来获取最大转矩。

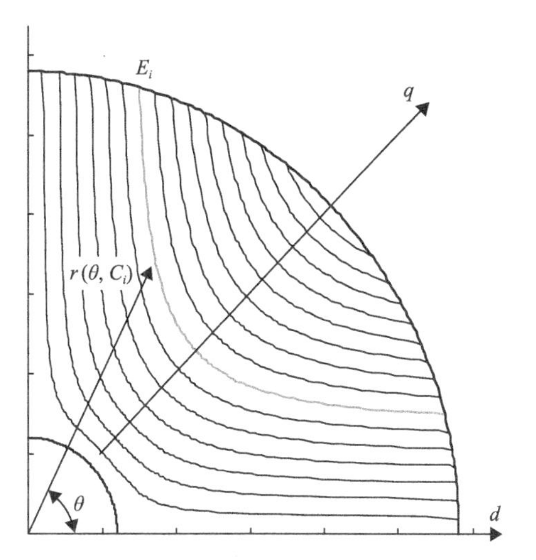

图 5.5　根据共形映射理论的实心转子中的磁力线

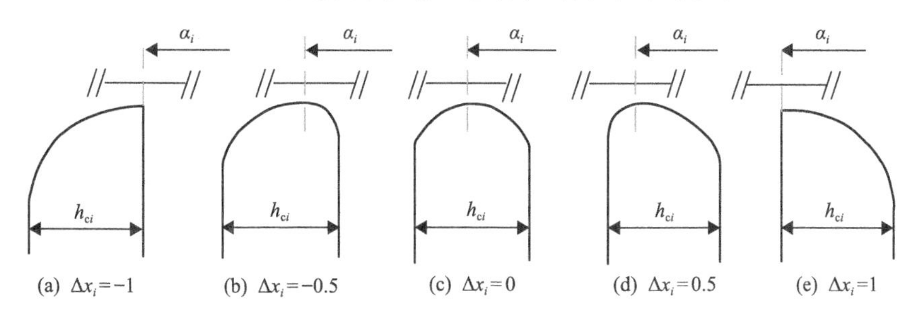

图 5.6　偏移对气隙处磁障位置的影响

使用与磁障端部边线和转子外圆周相切的两个圆形绘制气隙处连接导磁层的周向磁桥。图 5.7 为使用流线形磁障的实例图。

5.1.3　非几何参数

除了转子几何参数之外，还可以考虑非几何参数，来简化电机的描述，评估电机性能。尤其是通常选择 d-q 同步坐标系中的电流角 γ，实现最大转矩电流比控制，此时对应的电流角称为 γ_{MPTA}。由于 γ_{MPTA} 无法预知，所以需要在不同的电流角下，进行多次仿真才能准确确定。电流角 γ 应包含在描述电机结构形状的参数组中，每台电机在一个电流角 γ 处进行评估。在使用优化算法搜索最佳电机配置时，电流角将与几何参数一起优化，在优化过程结

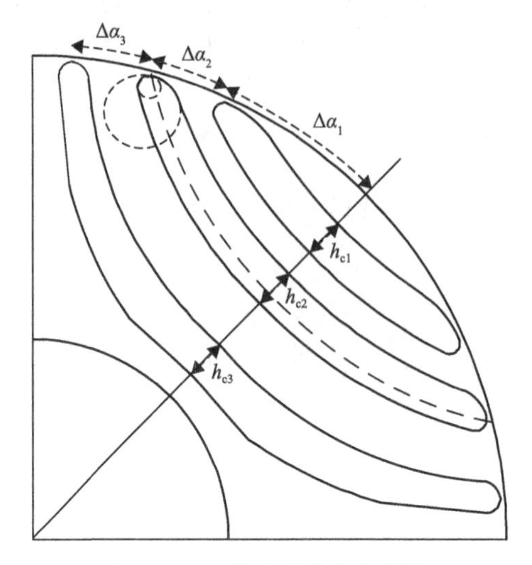

图 5.7　流线形磁障的实例图

束时，确定正确的 γ_{MPTA}。

5.1.4　径向磁桥尺寸

在研制电机样机之前，通常会使用有限元分析进行离心力的最终验证，确定径向磁桥的初始尺寸，评估其对电机性能的影响。习惯上，通常在径向磁桥尺寸调整期间，忽略切向磁桥，分析第 j 个径向磁桥支撑受到横截面为 $\sum_j$ 的灰色区域的离心力。相应的质量 M_j 计算如下：

$$M_j = \rho \cdot L \cdot \sum\nolimits_j \tag{5.3}$$

式中，ρ 为叠片质量密度；L 为转子轴向长度。

将质量 M_j 等效到重心 G_j 上评估由第 i 个径向磁桥支撑的离心力，有

$$F_j = M_j \cdot r_j \cdot \omega_{\max}^2 \tag{5.4}$$

式中，r_j 为重心的半径；$\omega_{\max}$ 为最大旋转速度，单位为 rad/s。

最后根据叠层材料屈服强度 $\sigma_{\max}$，计算第 j 个径向磁桥的宽度 w_{rj}：

$$w_{rj} = \frac{F_j}{L \cdot K \cdot \sigma_{\max}} \tag{5.5}$$

式中，$K\in[0.7,1.0]$是安全系数。

如果计算得到的 w_{rj} 值低于最小可加工厚度，则去掉径向磁桥，由周向磁桥承受离心应力，径向磁桥的尺寸如图 5.8 所示。

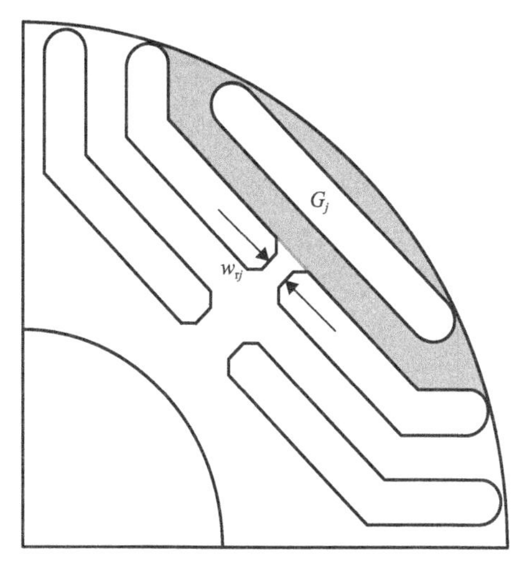

图 5.8　径向磁桥的尺寸

5.2　有限元仿真的关键设置

虽然目前已经提出了一些分析公式的方法来预测同步磁阻电机的性能[11]，但大家一致认为在特定的设计阶段，需要利用有限元软件进行验证。原因在于，铁心磁饱和对电机运行的影响无法利用简单数学公式进行描述。在现行可用的有限元软件中，磁有限元分析(finite element method magnetic，FEMM）软件很重要，因为这是一款分析静态磁场问题的开源软件，在电机设计领域得到了广泛使用[12]。电机瞬态特性通常用一系列静态工作状态近似模拟，在这些静态模拟中，通过改变转子位置和电流相位角来模拟实际的运行情况，以下将该过程称为静态时步法。气隙网格大小对有限元分析结果的准确性至关重要。在静态时步过程中，为了使气隙的一部分与定子一起静止，另一部分与转子一起旋转，一般在气隙的处理上，用以转子轴心为圆心的同心圆将气隙分为几个区域，例如图 5.9 中分为三个区域进行剖分。此过程强制网格剖分软件在气隙区域中具有更多的点，而且可以选择气隙处必须剖分的所有同心圆的点的数量。对于所有气隙圆(如每个电角度对应一个点)，点的数量应该是相同的，并且静态时步过程中的步进旋转步长应该是两个连续气隙点所确定角度的倍数。这样，在静态时步过程中，气隙区域的网格不会发生变化，从而保证了结果更加可靠。

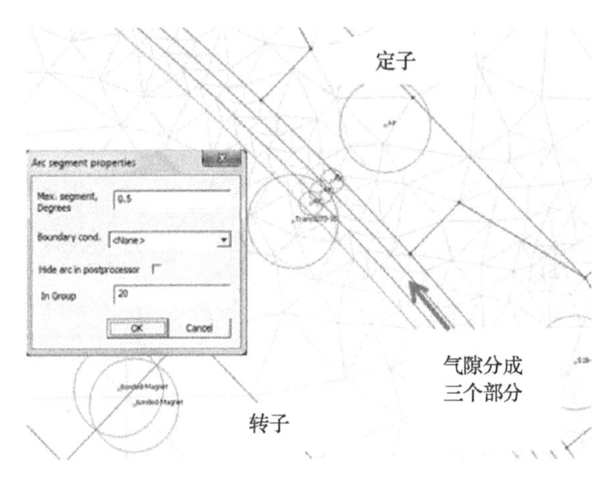

图 5.9　使用 FEMM 软件的 4 极电机气隙网格细节

如前所述，铁心磁饱和程度至关重要，必须准确了解电机的磁特性才能准确预测电机性能。在同步磁阻电机中，叠片的某部分达到深度饱和。如果超过了某一磁场大小，材料特性参数是不正确的，甚至可能是未知的，则有限元分析结果将取决于磁化曲线外推法准则，一般情况下结果会因所使用专业软件的不同而有所不同。例如，JFE 钢铁公司的 Supercore 10JNEX900 是一种高硅含量的磁钢，其特点是磁场强度高达 3300A/m，这是目前制造商提供的可用数据。图 5.10 为 Supercore 10JNEX900 在磁场强度超过 3300A/m 时的磁化曲线，该曲线是根据标准硅钢的相对磁导率降低外推获得的。

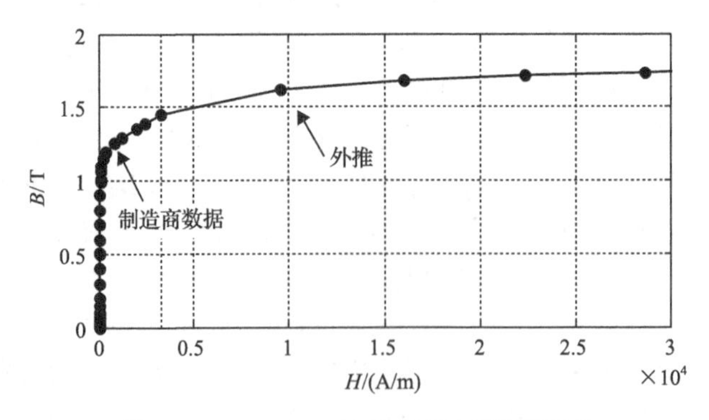

图 5.10　Supercore 10JNEX900 钢的磁特性

表 5.1 为使用制造商提供数据或外推特性数据，分别采用 FEMM 软件和 Infolytica Magnet 软件[13]对图 5.11 中的同一几何结构电机进行分析所获得的有限元结果。研究表明，只有当材料的磁场强度达到 30kA/m 时，结果才不再取决于所使用软件的外推程序，并且差异变得可以忽略不计。

表 5.1　使用 *B-H* 特征外推不同磁感应强度时的有限元结果

外推方法	FEMM 软件		Infolytica Magnet 软件		两种软件对比	
分析内容	平均转矩 /(N·m)	转矩波动 /%	平均转矩 /(N·m)	转矩波动 /%	平均转矩 /(N·m)	转矩波动 /%
Supercore 10JNEX900 铭牌数据	3.5	2.0	3.2	6.2	10	–209
Supercore 10JNEX900 外推到 20kA/m	3.3	4.4	3.5	4.6	–4	–3
Supercore 10JNEX900 外推到 30kA/m	3.4	4.7	3.5	4.6	–3	2

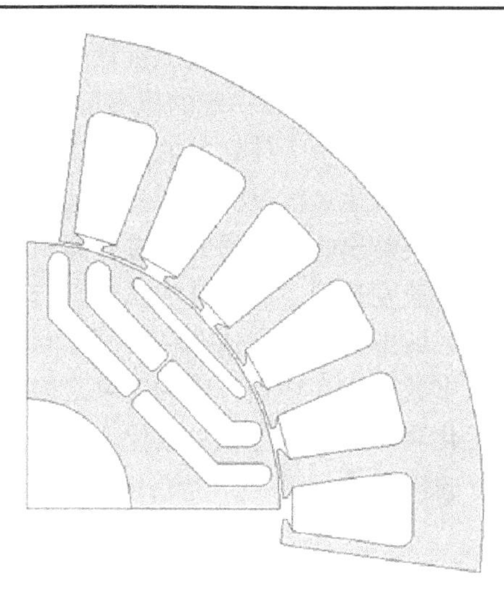

图 5.11　与表 5.1 对应的同步磁阻电机

只要有可能，制造商应提供与材料和所选切割工艺相关的具体数据，或使用叠压样品进行有针对性的检测。例如，切割工艺可能会显著影响磁钢性能，但制造商并不提供不同切割工艺的有效数据。

5.3　优 化 算 法

本节主要给出将要用到的电机优化算法和基本概念的定义，并对其进行简要介绍，更详细的内容可查阅文献[14]。几乎所有的工程问题中都要应用优化算法，电机设计也一样。随机算法提供了应对复杂问题的有效解决方案，特别是在建模过程中或系统性能测量存在噪声的情况下。遗传算法(genetic algorithm, GA)是从代表问题可能潜在的解集的一个种群开始，而一个种群则由经过基因编码的一定数目的个体组成。采用适应度函数(通常是成本函数或最小化目标函数)，分别计算每一条染色体的适应度，根据概率规则进行迭代优化。每个个体由一组 N_g 个实数或二进制数(称为基因)表示，这些数据是要优化的参数。随机算法是以一定的概率在搜索空间内寻找最优解。经证明，没有任何一种算法可以很好地解决所有类型的搜索问题(没有免费午餐定理[15])，也无法避免搜索算法可能收敛到次优解的风险。对于多数实际问题，这不是真正的制约因素，因为都会寻求既满足要求又保证有限设计时间的解决方案。

遗传算法是一类借鉴生物界的进化规律(“优胜劣汰、适者生存”的遗传机制)演化而来的随机搜索算法。受进化生物学的启发，遗传算法包括选择、交叉、变异三个基本遗传算子。对于大多数随机算法，遗传算法从决策空间 D 内随机抽取 N_p 个初始个体开始，以一定的概率运用交叉和变异数学运算，迭代修改初始种群。交叉包括两个个体之间的参数交换，变异是对单个个体的一个或多个参数进行随机变化。没有变异的交叉是无效的，因为搜索将被限制在由初始种群参数置换给出的解。另外，过度使用变异将产生准随机搜索，可能使实际问题处理速度过慢。随机算法总是倾向于遵循最期望的解，或在搜索空间的未探索区域中寻找解。这两种机制之间的平衡，确定了优化算法的有效性。如果大多数用户在获得合理的结果之前必须探索大量参数的组合，则不推荐使用优化算法。差分进化算法代表了一类优化问题在简单性和有效性之间一个很好的折中[16]。

5.3.1 差分进化算法

差分进化(differential evolution, DE)算法是一种基于种群的随机算法，通常从搜索空间的 N_p 个潜在解中开始随机抽样。在每次迭代(或生成)中，对于 N_p 中的每个个体 x_k，从种群中随机提取另外三个个体(x_r、x_s 和 x_t)。这意味着，至少有四个不同的个体属于种群，通过应用以下变异算子产生临时后代个体 x'_{off}：

$$x'_{off} = x_t + F\left(x_r - x_s\right) \tag{5.6}$$

式中，$F \in [0, 2]$ 称为缩放因子，它控制差异向量 $(x_r - x_s)$ 的收缩权重，从而确定应该距个体 x_t 多远生成后代。这是 DE 算法中变异的一种简单实现，Brest 等提出了许多变异方法[17]。

在生成临时后代个体 x'_{off} 后，通过应用交叉算子计算最终后代：

$$x_{\mathrm{off}}[i]=\begin{cases}x'_{\mathrm{off}}[i], & \mathrm{rand}\leqslant C_{\mathrm{r}}\\ x_k[i], & \text{其他}\end{cases} \tag{5.7}$$

式中，rand 是 0～1 之间的随机数；i 是基因序号；C_{r}是 0～1 之间的交叉概率。

每个 x'_{off} 的基因都可以根据随机规则和交叉概率 C_{r} 与 x_k 中相应的基因进行交叉，这种交叉策略称为二项式交叉。只有在适应度得到改进的情况下，才会对产生的后代 x_{off} 进行评估，并在下一次迭代中替换种群中的 x_k，否则不会发生替换。当连续的迭代次数之间的适应度改进变得微不足道和(或)达到预定的迭代次数时，可以停止搜索。最后一个条件可能会提前终止算法，但通常是首选的，因为它允许预测结束优化过程所需的时间。运行 DE 算法需要设置的主要参数是种群大小、允许的迭代次数、缩放因子 F 和交叉概率 C_{r}。该选择将在后面进行讨论。

5.3.2　多目标算法

大多数优化算法首先被用于单目标优化问题，但是可以通过占优概念的引入扩展到多目标优化问题。

假设存在两个目标(成本 1 和成本 2)最小化的问题，当与 A 关联的成本函数值低于或等于 B 的成本函数值时，方案 A 优于方案 B。对两个成本函数而言，当前种群中没有其他解决方案优于方案 A 时，方案 A 是非支配解，这一概念如图 5.12(a)所示。在每次迭代中，可以确定当前种群中非支配解的子集，称为帕累托(Pareto)前沿，如图 5.12(b)所示。属于帕累托前沿的方案同样适用于双目标优化问题，并且在当前种群中排在第一位。在剩下的解中，可以再次应用支配性的概念，确定一个二级的帕累托前沿，以此类推，直到对所有解都进行了排序，如图 5.12(c)所示。在每次 DE 算法迭代中，从具有 N_{p} 个个体的种群开始，通过变异和交叉产生其他 N_{p} 个后代解。根据帕累托前沿准则对两个 N_{p} 解进行排序，将最优的 N_{p} 解传递给下一次迭代。当属于同一帕累托前沿的所有解在下一个种群中没有空间时，根据拥挤度准则选择彼此之间距离较远的解。对于帕累托前沿的每个解，除了两个极端解外，根据同一前沿最近的两个解计算曼哈顿距离，如图 5.12(d)所示。在下一次迭代中优先选择具有较远距离的解，以使解沿着帕累托前沿分布，避免保留过于相似的解。

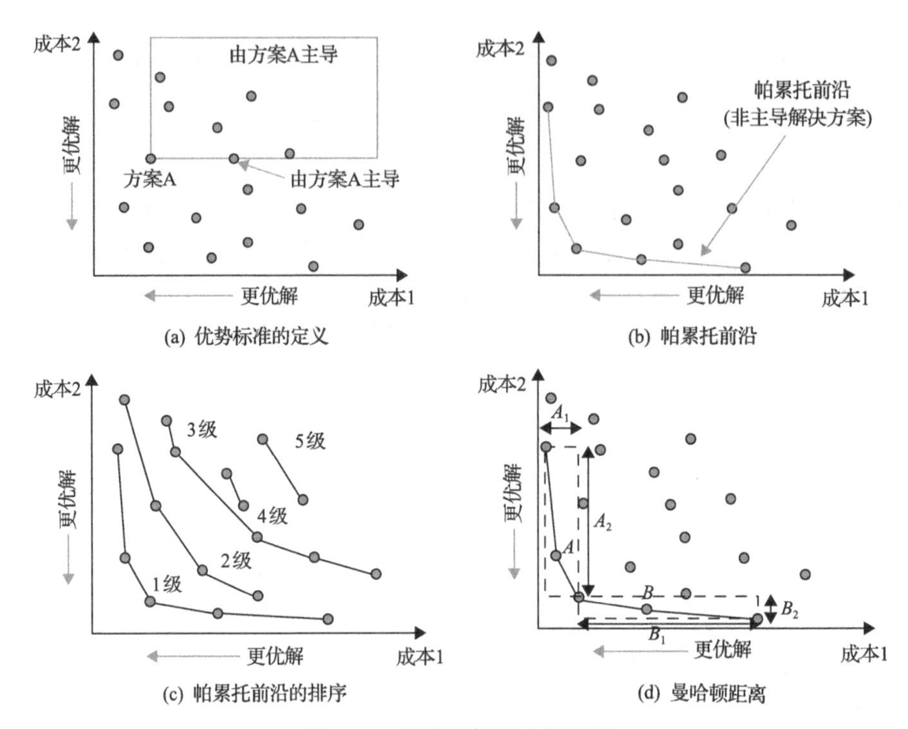

图 5.12　两个目标最小化问题

当达到停止条件(通常最大迭代次数是固定的)时，第一个帕累托前沿包含多目标问题的最优解。在此阶段，需要与设计人员进行交互，选择最适合的解，了解每个成本函数必须牺牲多少成本才能有利于其他成本函数，只能人为选择竞争性成本函数之间的最佳折中方案。

5.4　同步磁阻电机的优化设计

同步磁阻电机的设计文献[18]和[19]提供了多种不同的设计方法。20 世纪 90 年代，优化算法(optimization algorithm, OA)和有限元分析[20]得到了应用，但是辅助设计过程因计算量非常大而没有得到广泛推广。即使同步磁阻电机设计初期基于解析模型[4,21]，在某些设计阶段同样需要使用有限元分析。本节介绍一种使用有限元分析和多目标优化算法的同步磁阻电机优化设计方法，该方法基于 5.1 节中所述简单几何结构电机。

5.4.1　案例分析

本节以一种家用电器使用的小型同步磁阻电机的设计为例进行分析，主要的电气参数和尺寸参数如表 5.2 所示。在以下示例中，假设定子几何尺寸固定不变。

表 5.2　示例电机规格

参数	参数值	单位
额定转矩	4.5	N·m
额定转速	5000	r/min
直流母线额定电压	270	V
连续电流峰值	16.8	A
铁心外径	101	mm
转子直径	58.6	mm
气隙	0.5	mm
铁心长度	65	mm
定子槽数	24	—
硅钢片	M530-65	—

同步磁阻电机通常使用与现有感应电机相同的定子铁心来降低制造成本。即使定子的几何形状对电机的输出最大平均转矩和功率因数有很大的影响，其设计也是一个综合问题，此处不予考虑。

图 5.13 为设计样机的细节图，这是一台 24 槽 4 极电机。在示例中，在给定定子的情况下，选择被广泛认同的每极三层磁障的转子结构，从而减小转矩脉动，降低转子制造难度[3]。转子几何结构的优化将转换为：圆形转子磁障层和分段转子磁障层结构所涉及的七个参数的优化问题，包括每个磁障层的两个几何参数、电流角；流线形转子磁障层结构的电机涉及 10 个参数的优化问题，除了前面每个磁障层的两个几何参数之外，每个磁障层又增加了一个磁障偏移量。

5.4.2　测试平台

使用图 5.14 所示的专用测试平台来测量设计样机的转矩波形。伺服电机通过 50 : 1 的减速齿轮箱以 10r/min 的速度驱动被测电机。使用高精度转矩仪

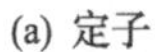

(a) 定子

(b) 四种形状的转子

(c) 测试电机机组

图 5.13　设计样机的定转子结构及测试电机机组

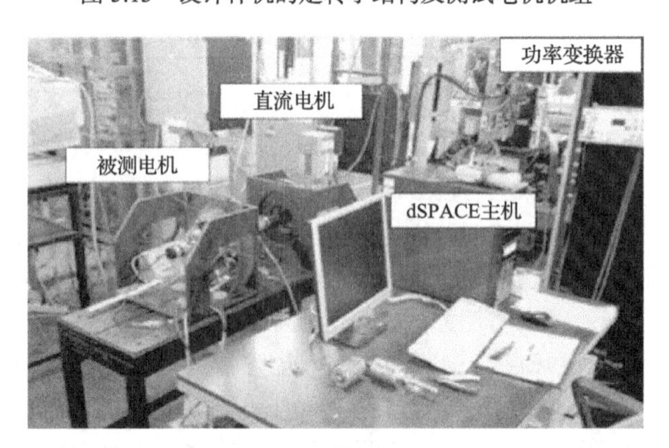

图 5.14　半实物仿真电机测试平台

测量转矩，被测电机使用 dSPACE 1104 R&D 控制板按电流矢量进行控制。使用阶跃变化的 d 轴、q 轴电流给定值，在两个连续的阶跃信号之间转子至少旋转一周，以便正确测量转矩与位置之间的特性关系。在 MATLAB 中调用 MLIB/MTRACE dSPACE 库的命令，自动处理获得的 i_d、i_q 参考值和转矩信号。

5.4.3　选择目标函数

采用优化算法解决工程问题的关键之一是目标函数的选择。由于最终的决策是在性能、成本和可制造性等不同目标之间折中，所以设计问题往往是多目标的。优化设计目标的选择需注意以下几个问题：

(1)通过引入不同目标的权重，将多目标优化问题简化为单目标优化问题，可能产生次优解问题。权重的选择可能使算法偏离最优解方向。另外，多目标优化算法需要评估大量解并产生帕累托前沿，当存在三个以上目标时，变得难以处理。

(2)在同步磁阻电机设计中首选的目标是平均转矩。转矩脉动也是必须考虑的目标，因为设计不理想很容易产生较大的转矩脉动，而这是无法接受的。

(3)还要考虑其他目标，如效率、成本、转动部件的重量和功率因数。由于估计电机效率需要估算铁损，所以评估效率要比转矩和转矩脉动在计算工作量上更具挑战性。在给定电流值情况下，转矩输出最大，会显著增大输出功率与焦耳损耗的比值，严重影响电机效率。

(4)当高速电机或永磁辅助同步磁阻电机谐波损耗变得很大时，铁损的估算就变得至关重要。

(5)涉及的其他目标还需要重新考虑定子几何形状，定转子裂比不在本书讨论范围内。

5.4.4　缩短计算时间

当运行有限元仿真时，按 MTPA 控制和改变负载值进行电动机性能评估会非常耗时。此外，当按 MTPA 控制运行时，电流角取决于电机几何形状，这也是事先无法预知的。因此，首先用单一电流值进行电机性能的评估。一般的经验法则是此电流值应大于或等于电机额定电流。特定电流值下优化好的电机在增加电流时可能会产生较大的转矩脉动。如果电流值太大，则电机饱和度可能与额定条件完全不同，从而迫使优化算法沿磁通路径增加更多的铁磁材料，进而导致电机在额定条件下的利用率不高。在下面的示例中，选择电流值等于额定电流的 2 倍($2i_0$)作为连续转矩和最大过载条件($3i_0$)之间的折中，保证了在较低负载水平下的低转矩脉动[22]。

如 5.1.3 节所述，为了避免通过多次有限元分析模拟寻找最大转矩对应的电流角，可以将同步坐标系中的电流角 γ 添加到优化参数向量中。由于平均转矩是要通过优化算法最大化的性能指标，所以电机几何形状将随最大转矩对应

的 γ_{MTPA} 值的不同而有所不同。

为评估转矩脉动幅度，需要对不同转子位置进行 n 次静态 FEA 仿真。主要的脉动分量与定子槽结构有关，因此 n 次仿真应至少涵盖一个定子槽间距(τ_{st})。根据采样定理，为重建直至 h_{order} 次谐波的转矩脉动，n 应至少为 $2h_{\mathrm{order}}+1$。

文献[23]提出的经验证明，在覆盖一个定子槽间距(τ_{st})的 n 个等间距转子位置，可随机设置初始偏移量，通常在大量的电机评估中，可以使用最低为 5 的较小 n 值正确评估转矩脉动。图 5.15 为采样对转矩标准偏差的影响。图 5.15(a)为当 n=15 时，始终能够正确评估转矩脉动。当样本数量较少时，可能会出现混叠现象。这意味着，如果在优化计算时有 n 个位置固定，则在评估采样位置接近电机转矩值，但总转矩脉动较高的电机时，会出现错误评估。当引入随机初始偏移时，如图 5.15(b)和(c)所示，标准偏差估计误差可

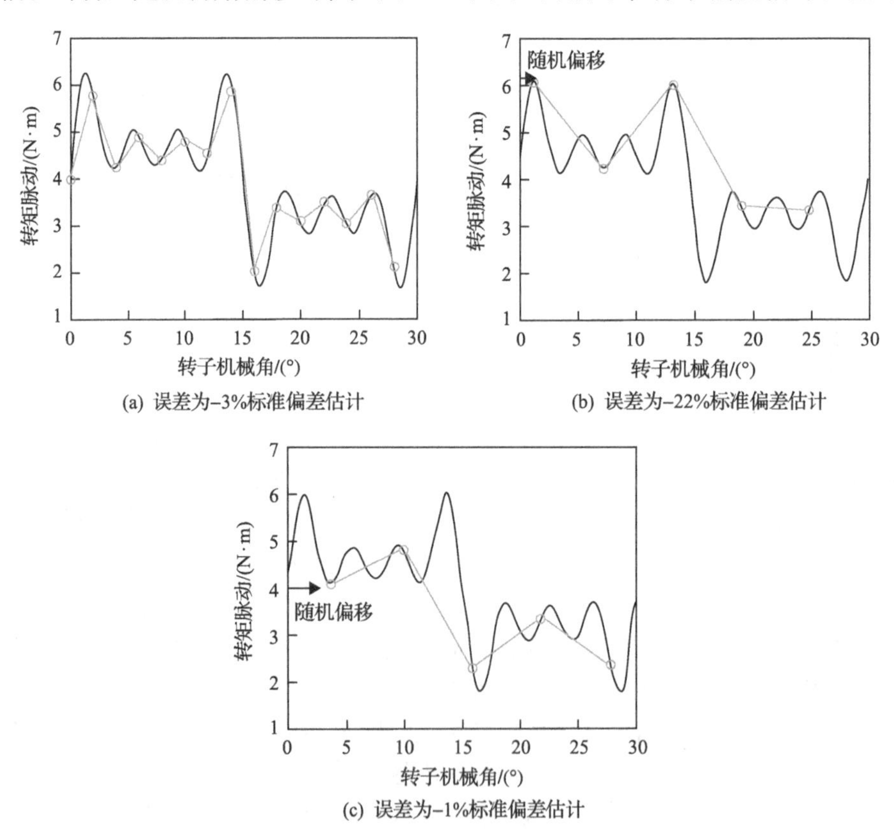

(a) 误差为−3%标准偏差估计

(b) 误差为−22%标准偏差估计

(c) 误差为−1%标准偏差估计

图 5.15　含有三次、五次和七次谐波的转矩基波波形

能为正或为负，取决于随机偏移值。通常，如果电机评估次数足够多，则可以正确地评估转矩脉动。在基于种群的优化算法中，解倾向于聚集在最有希望的搜索区域内。由于每个新解都使用不同的初始随机偏移进行评估，所以能正确调整电机几何结构，最终获得优化的电机性能。这将推动优化算法在搜索空间的其他区域搜索新的解。

评估每台电机的平均转矩和转矩脉动只需要五次静态有限元分析模拟，该模拟在多核工作站上使用并行计算可能仅需几秒，这将在后面进行演示。

引入位置偏移可大大减少计算时间，但在测量电机平均性能时会引入噪声。在每次优化运行结束时，都需要重新评估帕累托前沿上的所有解，以确保从性能测量中消除噪声。在最后的再评估阶段，应多次考虑至少大于 60°(电流角)的转子位置(如 $n = 30$)，以便正确评估电机磁通。再评估阶段的耗时通常占据整个优化过程时间的 5%～10%，并且不牺牲所述快速评估程序的优势。

种群规模和允许生成的最大代数(算法迭代次数)是每个基于种群优化算法中影响总体计算时间的主要因素。种群大小应至少是待优化参数数量的 10 倍。迭代次数通常应大于种群大小，以允许算法估计值的完全收敛。这样的经验作为基本设置非常有效，但通常更精细的设置可以改善每个特定优化问题的性能。最终，由于最有效优化算法的随机性，帕累托前沿的最终估计可能是不正确的，所以需要进行多次优化以提高最终结果的可靠性。考虑到解决给定设计问题的时间限制，在迭代次数较少但种群数量较大，以及迭代次数较多但种群数量较小之间，通常后者更实用。特别地，比较有效的过程包括在广泛的搜索空间中执行多次少量运行(如 4 次)，最后执行一次细化运行，其中搜索空间的边界围绕着最期望的解收敛。前一种优化运行称为全局搜索(global searches, GS)，而后一种细化运行称为局部搜索(local search, LS)。按照这种 GS+LS 方法获得最终结果的质量通常优于单次较大种群数量和更多迭代次数运行得到的结果，而二者的计算耗时几乎相同。例如，考虑七个参数(六个几何结构参数加上电流角)描述的三层磁障转子的优化，合理的种群大小为 100(大于 7×10)，通过 150 次迭代(大于 100)进行优化。图 5.16(a)为使用 100×150 设置执行多次优化，并在图中示出了两个代表性的最终帕累托前沿。

图 5.16 中使用不同的标记表示通过单独的优化运行获得的帕累托前沿。在图 5.16(b)中，三角形表示四次 GS 运行，圆圈表示单次 LS 运行。除此标准程序之外，设置种群大小为 50，最大迭代次数为 60 次以执行快速 GS+LS

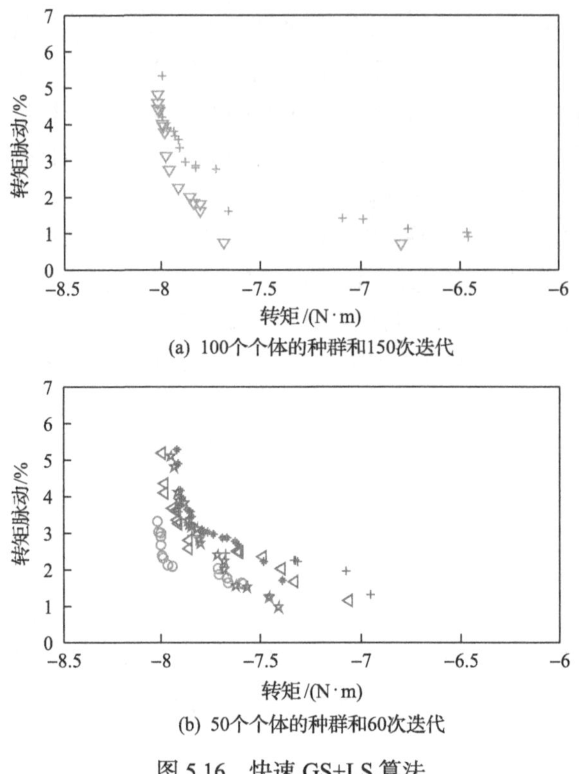

(a) 100个个体的种群和150次迭代

(b) 50个个体的种群和60次迭代

图 5.16　快速 GS+LS 算法

方法。首先执行四次 50×60 GS 运行，得到四个帕累托前沿，在图 5.16(b)中用三角形表示。从 GS 得到的帕累托前沿中，选择一台电机来缩小搜索范围，并执行 LS 运行。最终通过 LS 得到的帕累托前沿，在图 5.16(b)中以圆圈表示，整个 GS + LS 程序的计算耗时与单次执行 100×150 标准程序的计算耗时差不多。

图 5.16(a)与(b)的结果对比表明，标准方法获得的结果更接近 LS 或 GS 帕累托前沿。必须多次执行 100×150，确保获得与 LS 相当的最终帕累托前沿，这将导致计算耗时增加，从而证实快速 GS+LS 方法的有效性。

5.4.5　差分进化设置

如前所述，运行 DE 算法需要设置的主要参数是种群大小、迭代次数、缩放因子 F 和交叉概率 C_r。5.4.4 节讨论了种群大小和迭代次数的选择，而在电机自动化设计中，通过在[0.1, 1.5]范围内改变 F 以及在[0.5, 0.95]范围内改变

C_r 可以实现良好的鲁棒性。仅当在整体考虑范围内的性能仍能接受时，增加 C_r 值通常是有益的。关于 F，如文献[17]所述，使用自适应方法，在[0.1, 0.9]范围内随机选择该增益，从而给出最优结果。

当采用恒定 F 值标准 DE 算法时，应保持其值在[0.5, 0.9]范围内，其中较低 F 值通常会得到更高效的性能。文献[24]给出了算法设置对 DE 算法性能影响的详细分析。图 5.17 中示出了使用不同 F 和 C_r 设置获得的几个帕累托前沿。即使随着缩放因子偏离最佳值，性能明显下降，也能在 F 和 C_r 的整个建议范围内成功执行快速 GS+LS 程序。

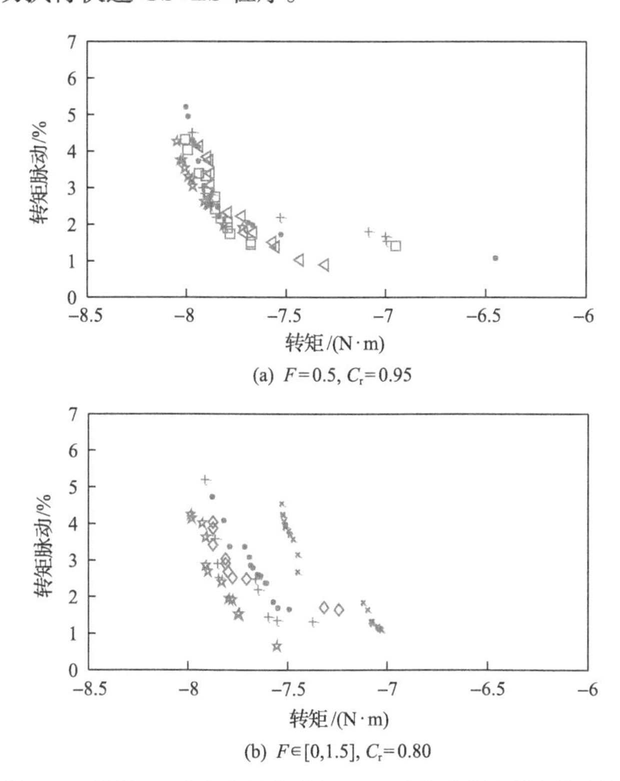

图 5.17　使用 50 个个体的种群和 60 次迭代获得的帕累托前沿

5.4.6　三种转子结构实验对比

本节给出每极有三层转子磁障的四种转子结构的原型设计。根据前面提到的设计方法分别使用圆形磁障、分段形磁障或流线形磁障制作了三台样机。第四台样机代表了最先进的设计技术[2]，并用作性能比较的基准。四个转子使用相同的定子结构，下面将其分别称为圆形几何结构、分段形几何结构、流线形几何结构和其他新形转子结构。为简便起见，仅给出了部分实验结果。文献[10]和[22]中给出的实验数据与模拟结果吻合，从而验证了实验设置与有限元结果数据的合理性。

图 5.18 为额定电流和 2 倍额定电流下的平均转矩与电流角的关系。后者是设计优化期使用的电流值。在额定电流下，四种转子结构的转矩性能非常接近。在最大化转矩控制下相差最大的流线形和其他新形两种几何结构之间的转矩差异小于 4%。

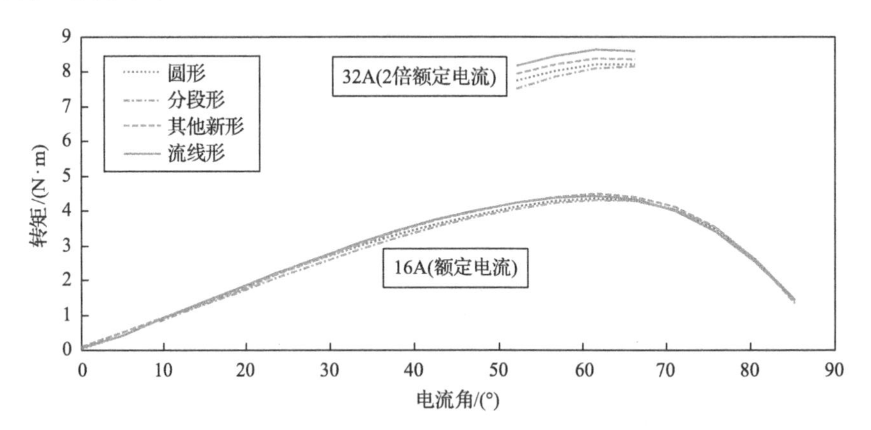

图 5.18　四台样机在额定电流和 2 倍额定电流下的平均转矩与电流角的关系

在 2 倍额定电流运行时，铁心的磁饱和程度对电机性能的影响更大，在可输出最大转矩上，更好地利用了转子铁心的几何形状，具有更明显的优势。MTPA 的转矩值几乎等于 2 倍额定电流下的转矩值，流线形几何结构(平均转矩最好)与分段形几何结构(平均转矩最低)相比有 6%的优势。分段形几何结构的磁障更靠近气隙。对于高速运行中的离心力(切向磁桥支撑的铁磁性材料的质量较低)是有利的，但在内部磁障层和轴之间有一部分铁心没有被充分利用。另外，流线形几何结构是沿着转子铁心磁导方向的磁力线的自然路径，并且似乎是优于其他新形几何结构转子的转矩最大化的最有效解决方案。注意，其他新形几何结构转子的结构设计非常难，因为它是由经验丰富的设计师使用多自由度进行设计的。

图 5.19～图 5.22 为使用 M530-65 铁磁性材料进行激光切割工艺加工的四种形状的转子叠片，以及对应的 i_d-i_q 平面中的转矩脉动曲面。

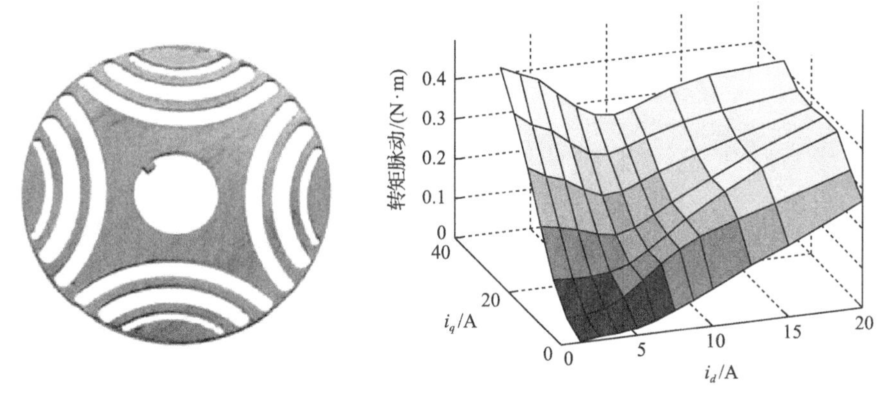

图 5.19　i_d-i_q平面中的圆形几何结构叠片和转矩脉动

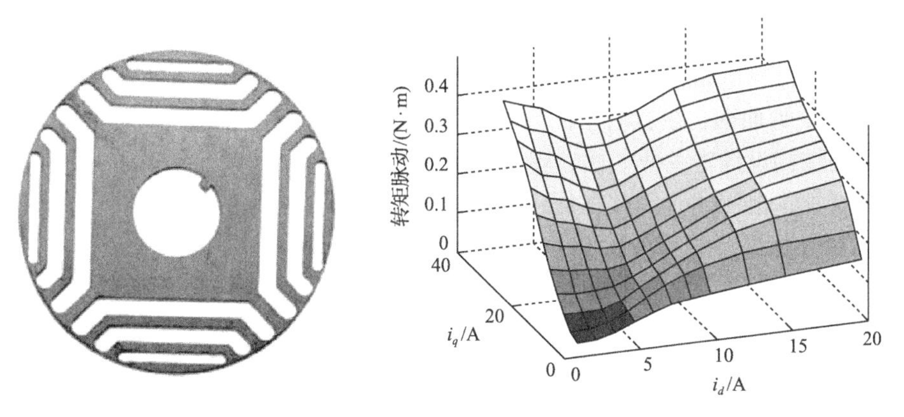

图 5.20　i_d-i_q平面中分段形几何结构叠片和转矩脉动

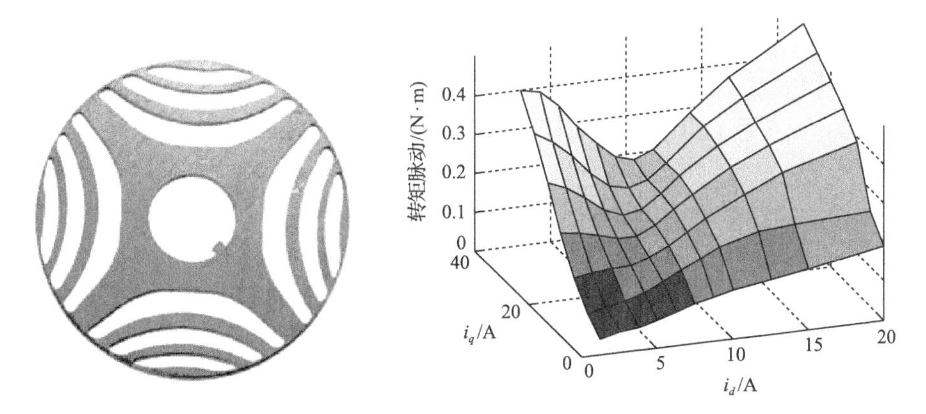

图 5.21　i_d-i_q平面中流线形几何结构叠片和转矩脉动

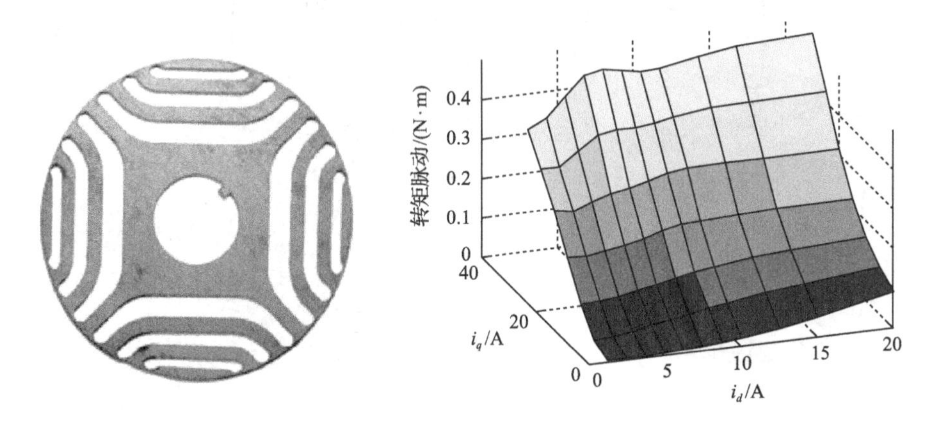

图 5.22　i_d-i_q平面中其他新形几何结构叠片和转矩脉动

对比转矩脉动曲面可以看出，在所有电流下，自动设计的电机相比其他新形几何结构电机的转矩脉动明显更低。所有自动设计的电机的转矩脉动均呈现出 V 形曲面，在 i_d-i_q平面区域中的凹陷对应于 MTPA 轨迹。而在其他新形几何结构设计中并非如此，转矩脉动随 i_q单调递增，与 i_d无关。在优化变量中增加了电流角，因此在优化过程中已对所有的电机进行了模拟，使其接近 MTPA 轨迹，尤其是在工作状态下使转矩脉动最小。

简化的转子几何形状分为圆形、分段形和流线形，尽管每个磁障层的自由度减少了，但依然可以获得与其他新形几何结构设计相当的平均转矩性能。由于磁障层位于气隙处的最佳位置，所以还可改善转矩脉动，此外流线形几何形状进一步改善了平均转矩。

结果证明，此类同步电机具有时间竞争力和完全自动化设计程序的可行性，从而有利于工业领域。

5.5　同步磁阻电机设计开源平台 SyR-e

SyR-e(Synchronous Reluctance-evolution)是在 MATLAB/Octave 中开发的开源代码。SyR-e 代码可以通过有限元分析和多目标优化算法自动设计同步磁阻电机。基于原始 FEMM 源代码的 C++程序已根据 Aladdin 自由公共许可证获得许可，在此许可证下也提供了原始的 FEMM 源代码。MATLAB/Octave 代码是在 Apache Version 2.0 许可下提供的，随源代码提供了这些许可证的更多详细信息和文本。

SyR-e 可从 http://sourceforge.net/projects/syr-e/下载，并且需要安装 MATLAB

或 Octave 和 FEMM 软件。SyR-e 的工作原理如图 5.23 所示。MATLAB 脚本将同步磁阻电机的参数化图形实现为.fem 文件，并由 FEMM 对其进行快速分析，主要结果返回到 MATLAB 进行性能评估。该基本数据流可用于自动设计，通过多目标优化算法对数百台潜在的电机进行测试，也可用于现有电机的分析，无论是刚刚优化过的电机或是其他由用户手动设计的电机，Octave 软件可以代替 MATLAB 实现上述提到的所有操作。

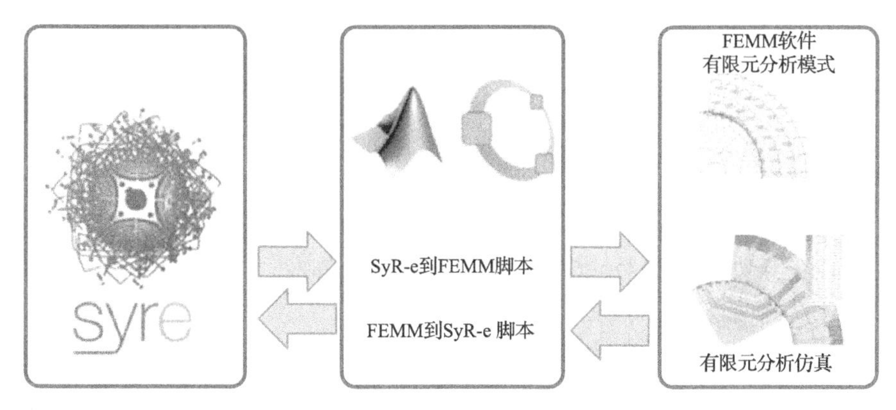

图 5.23　SyR-e 的工作原理

当 SyR-e 与 MATLAB 一起使用时，可以利用 parfor 命令同时执行多个并行的 FEMM 实例，如图 5.24 所示。对于多核计算机，此功能可以显著加快电机评估和优化过程。

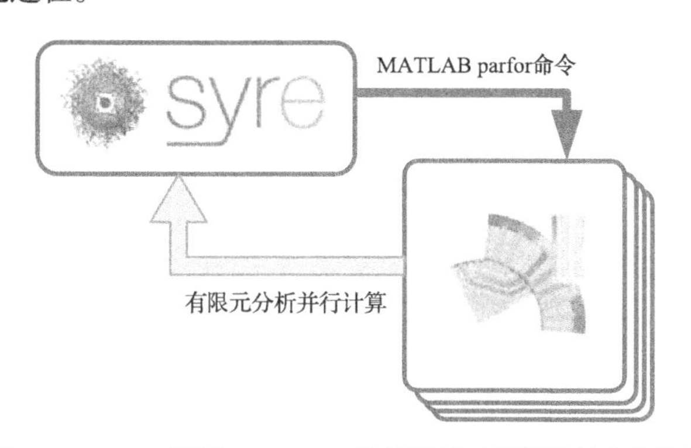

图 5.24　SyR-e 利用 MATLAB 并行计算工具箱进行多核处理

SyR-e 的起源可追溯到 2009 年，基于以下两个出发点：在不受现有文献局限下研究同步磁阻电机转子的几何形状，并为非专业设计人员提供自动设计工具。尽管中间的工作已经证明 SyR-e 所设计的几何形状与现有的文献保持一致，但这两个方面的动机依然是当前版本的基础。

用户可对 SyR-e 开源软件包进行用户定制化设置，原则上可以对其进行修改，以便设计和优化其他用户自定义的同步磁阻电机或其他电机拓扑结构(如永磁同步电机)的转子几何形状。通过修改 MATLAB/Octave 脚本，可以优化成本函数、设计参数和优化算法，以适应特定的用户需求。

5.5.1　输入数据

输入数据程序分为以下五个部分：

(1)主数据(如极数、槽数等)；

(2)定子和转子几何形状(如齿的长度和宽度、转子磁障层的数量、位置和宽度等)；

(3)其他选项(如允许的焦耳损失、最高转速等)；

(4)绕组(如填充系数、串联匝数、线圈跨距等)；

(5)材料(如定子和转子材料)。

图形用户界面中的每个参数都有一个输入字段，并附有参数名称，方括号中表示量纲，圆括号中表示对应 MATLAB 变量的名称。在每次修改单个参数时，在 SyR-e 图形用户界面的右侧都会显示电机的预览，如图 5.25 所示。

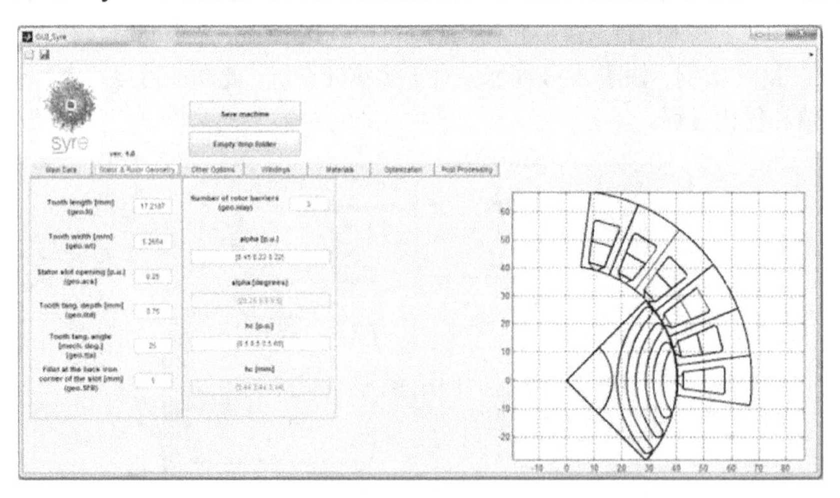

图 5.25　MATLAB 环境中的 SyR-e 图形用户界面

5.5.2　优化和后处理

SyR-e 代码可用作设计电机的软件工具，因为图形用户界面允许设置电机几何的最相关参数并创建一个.fem 文件。该文件可以通过 FEMM 或 SyR-e 后处理功能直接在 SyR-e 外部进行分析，还可以使用 SyR-e 优化工具完善手动设计或从头开始设计新电机。SyR-e 优化界面允许用户选择需要优化的几何参数以及参数范围。运行优化时会使用 DE 算法，在平均转矩和转矩脉动之间寻求最佳折中解决方案。优化结束时，属于最终帕累托前沿的所有电机的.fem 文件均可用于后处理。图 5.26 和图 5.27 为后处理结束时自动生成的结果。

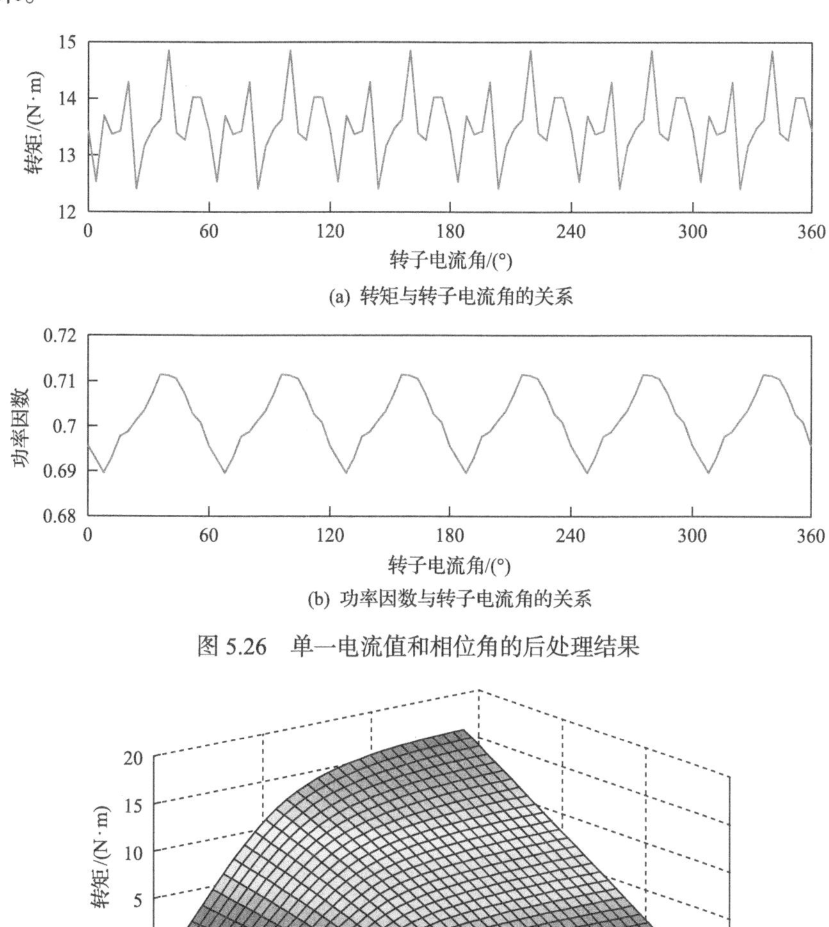

(a) 转矩与转子电流角的关系

(b) 功率因数与转子电流角的关系

图 5.26　单一电流值和相位角的后处理结果

(a) 平均转矩

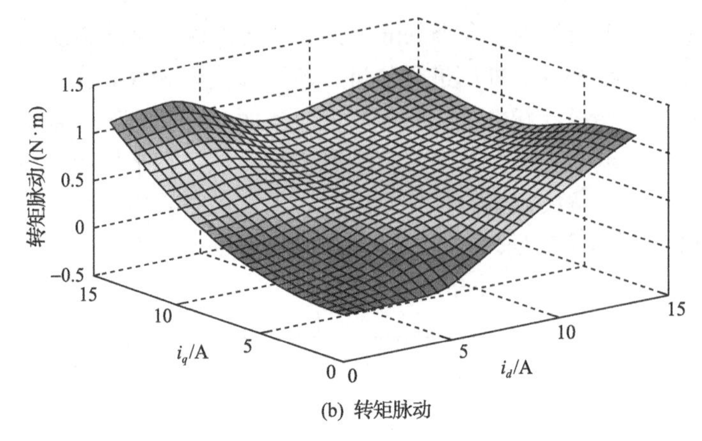

(b) 转矩脉动

图 5.27 在 i_d-i_q 平面内的后处理结果的详细分析

5.6 本章小结

本章考虑了同步磁阻电机转子叠片的设计与优化。为了简化转子设计，允许使用有效的优化算法进行自动化设计，重点关注了减少描述转子几何形状所需的参数数量。结果表明，当使用多目标优化算法对用两个或三个参数描述的电机转子磁障层的电机进行适当优化时，可以达到甚至超越最新设计方法的性能。

本章结尾介绍了开源软件包 SyR-e，该软件包使用 MATLAB/Octave 编程语言编写，可以辅助设计同步磁阻电机。

参考文献

[1] Gamba, M., et al.: A new PM-assisted synchronous reluctance machine with a non conventional fractional slot per pole combination. Paper presented at the international conference on optimization of electrical and electronic equipment (OPTIM), pp. 268-275. doi:10.1109/OPTIM.2014.6850937 (2014)

[2] Vagati, A.: Synchronous reluctance electrical motor having a low torque ripple. US Patent 5818140 (1996)

[3] Vagati, A.: The synchronous reluctance solution: a new alternative in A.C. drives. Paper presented at the international conference on industrial electronics, control, and instrumentation, pp 1-11 (1994)

[4] Vagati, A., et al.: Design refinement of synchronous reluctance motors through finite-element analysis. IEEE Trans. Ind. Appl. 36(4), 1094-1102 (2000)

[5] Reza, M.: Rotor for a synchronous reluctance machine. US Patent 2012/0062053 (2012)

[6] Jahns, T.M., et al.: Rotor having multiple PMs in a cavity. US Patent 7504754

[7] Kamper, M.J., et al.: Effect of stator chording and rotor skewing on performance of reluctance synchronous machine. IEEE Trans. Ind. Appl. 38(1) (2002)

[8] Binns, K.J., et al.: The analytical and numerical solution of electric and magnetic fields. John Wiley and Sons copyright (1992)

[9] Moghaddam, R.R.: Synchronous reluctance machine (SynRM) in variable speed drives (VSD) applications, Ph.D. dissertation, Royal Institute Technology (KTH), Stockholm, Sweden (2011)

[10] Gamba, M., et al.: Optimal number of rotor parameters for the automatic design of synchronous reluctance machines. Paper presented at the international conference on electrical machines ICEM, Berlin 2-5 Sept 2014

[11] Vagati, A., et al.: Design, analysis, and control of interior PM synchronous machines. Tutorial presented at IEEE IAS annual meeting, Seattle (2004)

[12] Meeker, D.: http://www.femm.info/wiki/HomePage (1998)

[13] Silvester, P.: http://www.infolytica.com/ (1978)

[14] Goldberg, D.E.: Genetic Algorithms in search, optimization, and Machine Learning. Addison-Wesley, Boston (1989)

[15] Wolpert, D.H., Macready, W.G.: No free lunch theorems for optimization. IEEE Trans. Evol. Comput. 1(1), 67-82 (1997)

[16] Neri, F., Tirronen, V.: Recent advances in differential evolution: a review and experimental analysis. Artif. Intell. Rev. 33(1-2), 61-106 (2010)

[17] Brest, J., et al.: Self-adapting control parameters in differential evolution: a comparative study on numerical benchmark problems. IEEE Trans. Evol. Comput. 10(6), 646-657 (2006)

[18] Miller, J.E., et al.: Synchronous reluctance drives. Tutorial presented at IEEE IAS annual meeting, Denver (1994)

[19] Vagati, A., et al.: Design of low-torque-ripple synchronous reluctance motors. IEEE Trans. Ind. Appl. 34(4), 758-765 (1998)

[20] Kamper, M.J., et al.: Direct finite element design optimisation of the cageless reluctance synchronous machine. IEEE Trans. Energy. Convers. 11(3), 547-555 (1996)

[21] Lovelace, E.C., et al.: A saturating lumped-parameter model for an interior PM synchronous machine. IEEE Trans. Ind. Appl. 38(3), 645-650(2002)

[22] Cupertino, F., et al.: Automatic design of synchronous reluctance motors focusing on barrier shape optimization. IEEE Trans. Ind. Appl. doi: 10.1109/TIA.2014.2345953(2015)

[23] Cupertino, F., Pellegrino, G.: IPM motor rotor design by means of FEA-based multi-objective optimization. Paper presented at the IEEE ISIE, Bari, 4-7 July 2010

[24] Cupertino, F., et al.: Design of synchronous reluctance motors with multiobjective optimization algorithms. IEEE Trans. Ind. Appl. 50, 3617-3627(2014). doi:10.1109/TIA.2014.2312540